现代艺术视角下室内设计优化研究

佘步颖　著

延边大学出版社

图书在版编目（CIP）数据

现代艺术视角下室内设计优化研究 / 佘步颖著. --
延吉 ： 延边大学出版社, 2023.9
　　ISBN 978-7-230-05477-5

　　Ⅰ. ①现… Ⅱ. ①佘… Ⅲ. ①室内装饰设计－研究
Ⅳ. ①TU238.2

　　中国国家版本馆CIP数据核字(2023)第176093号

现代艺术视角下室内设计优化研究

著　　者：佘步颖
责任编辑：张云洁
封面设计：文合文化
出版发行：延边大学出版社
社　　址：吉林省延吉市公园路977号　　　　邮　　编：133002
网　　址：http://www.ydcbs.com　　　　　 E-mail：ydcbs@ydcbs.com
电　　话：0433-2732435　　　　　　　　　 传　　真：0433-2732434
印　　刷：三河市嵩川印刷有限公司
开　　本：787×1092　1/16
印　　张：11.5
字　　数：200 千字
版　　次：2023 年 9 月 第 1 版
印　　次：2024 年 1 月 第 1 次印刷
书　　号：ISBN 978-7-230-05477-5

定价：65.00元

前　言

随着生活水平的提高，人们对生活品质和精神世界的追求越来越高，对于居住空间的设计也有了更高的需求。现代室内设计越来越重视优化与创新。现代室内设计不仅包括建筑空间的平面设计和空间设计，还包括室内家具、灯饰的布置等。室内设计对人们的生活品质有直接的影响，并且会随着人们需求的变化不断发展。

本书内容共分为八章。第一章简要介绍了室内设计的基础理论，第二章对室内设计中的造型元素进行了较为详细的分析，第三章简要介绍了现代室内设计的风格流派，第四章对现代室内空间的相关内容进行了概述，并对界面设计进行了简要分析，第五章的内容是现代室内设计软装饰设计，第六章的内容是现代室内陈设设计，第七章的内容是现代室内绿化设计，第八章则对现代室内设计的优化进行了探索。

本书在编写过程中，笔者参考了大量文献资料，在此对其作者致以衷心的感谢。由于篇幅有限，加上能力有限，编写时间较为仓促，书中难免存在不足之处，敬请广大读者批评、指正！

佘步颖

2023 年 7 月

目　　录

第一章 室内设计概述

第一节 设计与室内设计

一、设计

著名设计大师蒙荷里·纳基（Moholy Nagy）曾指出："设计并不是对制品表面的装饰，而是以某一目的为基础，将社会的、人类的、经济的、技术的、艺术的、心理的多种因素综合起来，使其能纳入工业生产的轨道，对制品的这种构思和计划技术即设计。"

我国尹定邦教授曾表示，设计是一个大的概念，目前学术界还没有统一的定义。从广义上来说，设计其实就是人类把自己的意志加在自然界之上，用以创造人类文明的一种广泛的活动。任何生产都有一个理想目标，设计就是用来确定这个理想目标的手段，是生产的第一个环节。设计后面必须有批量生产、规模生产，否则设计就失去了意义，这也是社会进步的体现。

综上可知，设计的目的是为人服务，满足人的各方面的需要。可见设计不局限于对物象外形的美化，而是有明确的功能目的，设计的过程正是把这种功能目的转化到具体对象上去。

因此，笔者认为，设计就是依照一定的步骤，按预期的意向谋求新的形态和组织，并满足特定功能要求的过程，是把一种计划、规划、设想通过视觉的形式传达出来的活动过程。人类通过劳动改造世界，创造文明，创造物质财富和精神财富，而最基础、最主要的创造活动是造物。从某种角度来说，可以把任何造物活动的计划技术和过程理解为设计。

设计就是设想、运筹、计划与预算，它是人类为实现某种特定目的而进行的创造性活动。设计不仅可以通过视觉的形式传达出来，还可以通过听觉、嗅觉、触觉传达出来。

设计与人类的生产活动密切相关,它是把各种先进技术成果转化为生产力的一种手段和方法。设计是创造性劳动,设计的本质是创新,其目的是实现产品的功能,建立性能好、成本低、价值高的系统和结构,以满足人类社会不断增长的物质和文化需要。设计体现在人类生活的各个方面,包括人类的一切创造性行为活动,如产品设计、视觉传达设计、服装设计、室内设计等。设计是连接精神文明与物质文明的桥梁,人类希望通过设计来改善自身的生存环境。

二、室内设计

室内设计是根据建筑物的使用性质、所处环境和相对应的标准,运用物质材料、工艺技术、艺术的手段,结合建筑美学原理,创造出功能合理,舒适美观,符合人的生理、心理需求的内部空间。这一空间环境既有使用价值,能满足相应的功能要求,又反映了历史文化特点、建筑风格、环境气氛等。例如,建筑大师贝聿铭设计的苏州博物馆就很好地体现了这些特点。在苏州博物馆的室内设计上,贝聿铭运用了大量中式元素。我们可以从室内空间序列、空间构成、空间层次、组织和室内各界面的设计等多个角度,体会中式元素在现代室内空间中的运用。贝聿铭用他独特的视角诠释了一种新的中式风格,就像他曾说:"我后来才意识到在苏州的经验让我学到了什么。现在想来,应该说那些经验对我的设计是有相当影响,它使我意识到人与自然共存,而不只是自然而已。创意是人类的巧手和自然的共同结晶,这是我从苏州园林中学到的。"

上述定义中,明确把"创造满足人们物质和精神生活需要的室内环境"作为室内设计的目的,即以人为本。

室内设计涉及人体工程学、环境心理学、环境物理学、环境美学、建筑学、社会学、文化学、民族学、宗教学等相关学科。室内设计是为满足一定的建造目的(包括人们对它的使用功能的要求等)而对现有的建筑物内部空间进行深加工的增值工作,目的是让具体的物质材料在技术、经济等方面,在可行性的有限条件下形成能够成为合格产品,既需要工程技术上的知识,也需要艺术上的理论和技能。室内设计是从建筑设计中的装饰部分演变而来的,是对建筑物内部环境的再创造。室内设计范畴非常宽广,从专业需要的角度出发,可以分为公共建筑空间设计和居住空间设计两大类。当我们提到室内设计时,会提到动线、空间、色彩、照明、功能等相关专业术语。

第二节　室内设计的内容、分类和步骤

一、室内设计的内容

随着人们生活水平的提高，室内设计的内容更丰富，范围更广泛，层次也更深入。从宏观角度看，室内设计其实是对室内环境的综合性设计，除了室内空间环境，室内声、光、热环境，室内空气环境（主要指空气质量、有害气体和粉尘含量等）等外，还包括空间使用者的主观心理感受。

从微观角度看，室内设计的内容主要有以下几方面：

（一）室内空间组织及界面处理

室内空间设计是室内设计的灵魂，而空间设计得是否合理，是否舒适便捷，在很大程度上取决于设计师对空间的组织和对平面布局处理得好坏。在进行一个室内设计项目时，应该根据使用功能和活动性质对客观存在的建筑空间进行调整、重组和完善，以创造出合理的使用空间。

空间组织首先是对空间功能的组织，其次是对空间形态的组织和完善。对空间的组织和再造，在某种程度上依托于对室内空间各围合界面的围合方式及界面形式的设计。在实行空间组织和界面设计时，设计师应该将必要的建筑结构件（如梁、柱等）和安装设施（如公共空间中室内顶棚内的风道、消防喷淋及水、电等相关必要设施）考虑在内，并将这些因素与界面形式巧妙结合，这是室内界面设计的重要内容。

（二）室内照明、色彩和材质设计

室内设计中的照明、色彩和材质这三者关系密切。室内空间的照明主要是自然采光和人工照明两部分，它为生活、工作于室内的人们提供必要的采光需要，同时还能够对形与色起到修饰作用，营造良好的空间效果。

有了光线，色彩往往就是室内设计中最活跃的元素，不同使用功能和使用性质的空间往往搭配不同的色彩。

材质作为一个重要载体，在设计中也是不可忽略的，不同的材质往往能产生不一样的效果。

在室内设计中，照明、色彩和材质的关系是十分微妙的。

（三）室内配饰的设计和选用

室内设计中的配饰主要包括家具、灯具等。它们在室内空间中具有举足轻重的地位，它们既要满足一定的使用功能要求，还要具有一定的美化环境的作用。从某种意义上说，室内配饰是室内设计风格的体现，以及环境氛围塑造的主体。

因此，进行室内配饰的设计与选用时，应本着与室内空间使用功能和空间环境相协调的原则。

从室内设计的整体过程来看，相应的构造及施工设计也是室内设计中十分重要的内容。好的设计创意需要依靠合理有效的施工工艺和构造做法来实现，这也是优秀的设计师必备的一项技能。

二、室内设计的分类

（一）居住建筑室内设计

居住建筑室内设计包括住宅室内设计、公寓室内设计等。居住建筑内部空间设计的内容主要有餐厅、卧室、书房、厨房、卫生间等。

（二）公共建筑室内设计

公共建筑室内设计包括旅游建筑室内设计、展览建筑室内设计、交通建筑室内设计等。

（三）工业建筑室内设计和农业建筑室内设计

工业建筑室内设计和农业建筑室内设计相对于居住和公共建筑室内设计，属于特殊建筑室内设计，主要包括车间厂房、饲养室等的设计。

三、室内设计的步骤

室内设计是一个系统的过程，从工作内容和所得成果入手，可将室内设计的整个过程分为以下四个步骤：项目调研和准备、构思方案的提出与确定、构思方案的深入与细化、方案的实施（见表1-1）。

表 1-1　各个设计步骤相对应的具体工作内容

阶段	工作项目	工作内容
项目调研和准备	调查研究	（1）定向调查
		（2）现场调查
	收集资料	（1）建筑工程资料
		（2）查阅同类设计内容的资料
		（3）调查同类设计内容的建筑室内
		（4）收集有关规范和定额
	方案构思	（1）整体构思形成草图
		（2）比较各种草图从中选定
构思方案的提出与确定	确定设计方案	（1）征求建设单位意见
		（2）与建筑、结构、设备、电气设计方案进行初步协调
		（3）完善设计方案
	完成设计	（1）设计说明书
		（2）设计图纸（平面图、顶面图、立面图、剖面图、效果图）
	提供装饰材料实物样板	（1）墙纸、地毯、窗帘、面砖、石材、木材等实物样品
		（2）家具、灯具等彩色照片
	编制工程概算	根据方案设计的内容，参照定额，测算工程所需费用
	编制投标文件	（1）综合说明
		（2）工程总报价及分析
		（3）施工的组织、进度、方法及质量保证措施
构思方案的深入与细化	完善方案设计	（1）对方案设计进行修改、补充
		（2）与建筑、结构、设备电气设计专业进行充分协调
	完成施工文件	（1）提供施工说明书
		（2）完成施工图设计（施工详图、节点图、大样图）
	编制工程预算	（1）编制说明
		（2）工程预算表
		（3）工料分析表

阶段	工作项目	工作内容
方案的实施	与施工单位协调	向施工单位说明设计意图,进行图纸交底
	完善施工图设计	根据施工情况对图纸进行局部修改、补充
	工程验收	会同质量部门和施工单位进行工程验收
	编制工程决算	(1)编制说明
		(2)编制工程预算表
		(3)编制工料分析表

(一)项目调研和准备

这一阶段的主要任务和工作内容是全方位了解和收集项目相关资料,为之后的方案提供必要的基础和充足的依据,并且提出概念草图方案。在获得设计任务书(还要向业主索要相关图纸文件,包括设计任务书、建筑平面图、立面图、剖面图、电气图等)后,应该进行实地勘察,并收集相关项目资料及同类项目资料。设计者应该针对每个项目,对收集整理的资料进行专项记录,以便将资料和构思系统化。当然,这一阶段还要与业主进行沟通,记录并确认甲方的行业性质,为设计提供基础条件和创意来源。

概念方案的定位与提出,对整个设计的成败有着较大影响。在一个项目中,好的概念方案的提出能够为以后打下良好基础。值得一提的是,设计师可以借助多种手段来提出概念方案。手绘草图以其能够快速记录并表达设计师创作灵感和思维过程这一特征成为设计师们的主要工具。此外,一些专业软件也能够给予一定的支持。

(二)构思方案的提出与确定

这一阶段是正式方案的提出阶段。正式方案的提出是建立在明确的概念方案上的。在这之前,设计师需要与其他各相关专业进行协调,尽可能化解可能发生的矛盾。此外,设计师还要提供材料示意图(或材料样板)和家具示意图等。在实际工程项目中,有时还需要编制工程概算及投标文件。

在构思方案的提出与确定阶段,应该得到以下成果:

(1)室内装饰工程:设计说明(项目背景简介、设计概念、设计目标、设计手法等),空间特性评价,平面图(按比例绘制,包括墙体形式、房间面积、家具、铺地材料等），顶面图，剖面图，色彩设计图、照明设计图、透视图（尽可能用手绘），饰面一览表。

（2）家具工程：设计说明（基本构思定位、设计目标、设计元素、材料等），模型图，平面图，立面图，剖面图，饰面一览表，细部构造。

最后，设计师最好从以下几个方面进行自检：①是否满足功能要求；②是否维护并深化了概念；③是否清晰界定、解决了特定问题；④是否考虑了如体量、材料、形态特征、人体工学、安全性、施工条件、建造成本、行业规范等细节；⑤是否表达到位。

（三）构思方案的深入与细化

由纸上方案到一个切实可用的空间，过程中少不了对构思方案的深入与细化。当设计师与业主共同确定了构思方案后，就需要针对该方案的可实施性和具体细节进行推敲和调整，然后绘制施工图。需要明确的是，施工图要能指导施工，包含装饰、水电、空调等的图纸。同时，这一阶段需要编制工程预算文件。

设计施工图时，要做到以下几点：①切实掌握不同类型材料的物质特征、规格尺寸、最佳表现方式；②充分利用材料连接方式的构造特征来表达设计意图；③将室内环境系统设备（灯具样式、空调风口、暖气造型、管道设备等）与空间界面构图结合成一个有机整体；④关注空间细节的表现，如空间界面的转折点和不同材料衔接处的处理。

这一阶段的设计成果目录（一套完整的室内设计施工图）包括封面（工程项目名称）、设计说明、防火说明、施工说明、目录、门窗表、室内各层平面布置图、室内各层地面铺装图、室内各层顶棚平面图、剖立面图、细部大样和构造节点图。

需要注意的是，设计师必须掌握一定的施工技术与构造工艺等知识，才能更好地与其他相关技术人员（如水、电、暖通、消防等方面技术人员）沟通、配合。

（四）方案实施

施工图绘制的完成标志着该项目在图纸阶段的工作已经基本完成，接下来就由工程施工方按照图纸进行施工。对于设计师来说，这一阶段的主要任务是材料的选择与施工监理，以及协调好业主与施工方的关系等。在这一过程中，设计师首先需要进行"设计交底"，即向施工人员说明设计意图和施工需要注意的事项，还应帮助施工人员厘清图纸。之后，设计师还要经常在现场指导、监理施工。例如，检查图纸提供的一些构造、尺寸、色彩、图案等是否符合现场具体情况；根据现场具体情况完善和交代图纸中没有设计的部分；处理与各专业之间的矛盾；等等。因此，设计师很可能需要对原有图纸及时地进行局部修改和完善，并绘制变更图。当项目较大时，通常还需要聘请专业施工监理。施工完成后，设计师还要及时进行现场回访或电话回访，以进行最后的完善，并进行自我总结。

下面对构思方案的深入与细化阶段及方案实施阶段的相关设计文件进行简要介绍：

1.构思方案的深入与细化阶段相关设计文件

（1）设计说明书

它是设计方案的具体说明，反映设计的意向。通常，设计说明书包括设计的总体构思、对功能问题的处理、平面布置中的相互关系、装饰的风格和处理手法、装饰技术措施等。

（2）方案设计图纸

方案设计图纸是设计的基础。方案设计图纸包括四项：平面图（1∶50、1∶100），平面各个功能分区的关系、家具、陈设的位置和比例，地面或楼面的用材和数据；立面图（1∶50、1∶20），各立面的造型、用材、用色等；顶棚图（1∶50、1∶100），顶棚的造型、用材、灯具灯位等；效果图，通常只在方案阶段需要。需要注意的是，在方案设计图中，一般只注明图的比例，不一定注明详细尺寸。方案设计图中的立面图一般只标出主要立面。方案设计图中一般不画大样图和节点图。

2.方案实施阶段相关设计文件

（1）施工说明书

施工说明书是对施工图设计的具体说明，用以说明施工图设计中未标明的部分及设计对施工方法、质量的要求等。

（2）施工设计图

施工设计图是工程施工的根据。施工设计图包括平面图、立面图、顶棚图等。图中有关物体的尺寸、做法、用材、用色、规格、品牌等。需要注意的是，在施工图的设计中，应着重考虑实施的可行性。施工图的正式出图必须使用图签，并加盖图章，图签内应有工程负责人、设计人、校核人、审核人等的签名。

第三节　室内设计的特点
及对美学原理的运用

一、室内设计的特点

室内设计作为一门相对独立的新兴学科，还有以下几个特点：

1.对人们身心的影响更为直接

由于人的一生中极大部分时间是在室内度过，因此室内环境的优劣必然直接影响到人们的心情、工作效率和舒适程度等。室内空间的大小和形状，室内界面的线形图案等，都会在生理上和心理上对人产生较强的、长时间的影响。因此，做室内设计时，设计师要更深入、细致，要更多地从有利于人们身心健康的角度去考虑，从有利于丰富人们精神文化生活的角度去考虑。

2.对室内环境的构成因素考虑更为周密

在室内设计时，设计师要更为周密地考虑构成室内光环境和视觉环境的采光与照明、色调和色彩配置、材料质地和纹理，室内热环境中的温度、相对湿度和气流，室内声环境中的隔声、吸声和噪声背景等。

3.较为集中、细致、深刻地反映设计美学中的空间形体美、功能技术美、装饰工艺美

如果说建筑设计主要以外部形体和内部空间给人们建筑艺术的感受，室内设计则以室内空间、界面线形及室内家具、灯具、设备等内含物的综合给人们室内环境艺术的感受，因此室内设计与装饰艺术和工业设计的关系也极为密切。

4.室内功能的变化、材料与设备的更新更快

与建筑设计比，室内设计与时间因素的关联更为紧密，更新周期趋短，更新节奏趋快。在室内设计领域，可能更需要引入动态设计、潜伏设计等新的设计观念，认真考虑因时间因素引起的对平面布局、界面构造与装饰以至施工方法、选用材料等一系列相应的问题。

5.具有较高的科技含量和附加值

现代室内设计所创造的新型室内环境,往往在自动化、智能化等方面具有新的要求,从而使室内设施设备、电器通信、新型装饰材料和五金配件等都具有较高的科技含量,如智能大楼、能源自给住宅、电脑控制住宅等。由于科技含量的增加,也使现代室内设计及其产品整体的附加值增加。

二、室内设计对美学原理的运用

室内设计中不仅要满足人们基本的生理、心理方面的需求,还要综合解决经济效益、安全环保、舒适美观、个性化等其他方面的需求。因此,研究如何将美学原理运用到室内设计之中具有十分重要的意义与价值。

室内设计是运用一定的物质技术手段,并根据建筑物的相应标准、使用性质而进行的艺术创作,在设计中通常以达到一定的建造目的为目标,并会结合人体工程理论与视觉艺术心理学,对内部空间进行组织和创造。在早期的设计环境中,人们往往更注重空间的功能性和实用性,以此作为衡量设计好坏的标准。然而,随着社会的不断进步,各国文化的交流不断加深,大家的审美意识也在不断加强,美学原理的指导作用也逐渐开始显现。室内场所作为人们长时间停留的空间,在设计中更需要以美学原理为设计指导,以物质材料与工程技术为支撑,将空间构成元素作为媒介进行艺术表达,以此满足人们在精神与物质方面的需求,为人们营造富有表现力、视觉张力且具有一定文化内涵的空间氛围。

美学原理在室内设计中的运用主要体现在以下几个方面:

1.室内设计的功能美

功能美是设计美学的本质审美要素,它具有重要的意义与丰富的内涵。首要表现为使用、实用功能等物质功能,其次表现为审美功能、象征功能等精神功能。

实用功能是室内设计功能美的基础,可以满足人的物质需求。当一个室内空间具有良好的功能布局和适宜的空间尺度时,它往往能够给人们带来舒适性与便利性,使人们的生活质量得到提高,同时也能使人们感到愉悦。而空间的审美功能则是室内功能美的重要组成部分,它是人与事物之间相互关联的高级功能因素。在当今社会,现代设计之美的体验往往建立在良好的使用基础之上,人们对现代空间设计有更高的功能审美要求，这也就促使设计者更加重视室内空间的实用性、舒适性和观赏性。

室内设计的功能因其装饰特征主要分为两种类型：其一是以功能为主、形式为辅的设计；其二是以形式为主、功能为辅的设计。从功能为主的设计角度来说，要有效发挥室内设计的功能美，不能只保证室内设计作品是"有用"的，还要使它具备良好的使用功能，即保证它是"好用的"。可见，在设计中要意识到空间不仅仅是可以使用的，还要具备合理的交通流线与实用的平面布局，注重人与空间的关系。

然而，随着人们文化修养的不断提高，人们逐渐从关注室内设计的功能性转变为关注室内设计的功能美。空间不仅要具有实用功能，还要满足人们的精神需求，在视觉、触觉、听觉上给人以心理上的享受。总之，随着人们对空间需求的不断变化，室内设计的功能美不再仅仅建立于功能之上，还存在于功能与形式的协调统一中，设计师应将空间内在的功能性和外在的形式美进行完美结合，以创造出高品质的现代室内环境。

2.室内设计的形式美

随着社会的快速发展，人们越发重视建筑外观与其室内空间的艺术美感，这便要求室内设计师具有一定的设计思维能力和造型设计能力，能使用技术的、艺术的手段，给居住者创造出环境舒适、布局合理、满足其精神与物质双重需求的空间环境。此外，形式美的规律是人们在长期的艺术实践中总结得来的，它主要有对比调和、和谐适度、对称均衡等特点，具有十分丰富的表现性。设计师应该合理运用室内设计原则，使室内空间产生丰富的形式美感。

下面，笔者从适度美、韵律美和均衡美三个角度探讨形式美在室内空间的体现。

（1）适度美

"度"是世间万物所具有的原则之一，该原则在室内空间中十分重要。许多室内设计师经过了长期的实践后明白：室内设计的意义建立在以人的使用为主导的功能设计之上。

具体来说，适度美在空间中主要体现在生理适度美和心理适度美两方面。所谓生理适度美指的是在设计中需要充分结合室内的场地现状和使用者的生活习惯，并严格遵循人体工程学和室内设计规范，从人体比例、活动范围、场地尺寸等方面着手，以此来实现室内空间的生理适应美。其次是心理适度美，指的是从人的心理方面来讲，室内设计主要研究的是居住者在该空间中对美的体验。设计者应该充分掌握理论知识，适当融入一些感性的细节设计，并严谨、认真地对设计方案进行反复调整，最终创造出室内空间的适度之美。

（2）韵律美

空间关系中的韵律美是一种情感运动的轨迹,通常呈现为相同或是类似形态间存在的一种恒定而有秩序的联系。在室内设计中,相似的表现手法常常运用在公共空间及室内陈设之中。例如,在家具的排列方式、植物的摆放位置以及软装饰纹样的选用等方面,通过控制空间中点、线、面构成元素之间的数量和间距关系来表达不同的主题氛围。同时,在设计中始终将节奏与律动原则相结合,将韵律美反馈到审美主体的视觉体验中来。韵律美的表现形式还包括连续、起伏、对比、渐变等,室内设计师需要熟练掌握并运用好这些形式规律。这样不仅可以增添室内空间中的美感,还能加强审美主体与审美客体之间的共鸣,在室内的多样变化之中实现整体的和谐之美。

（3）均衡美

均衡亦为平衡,指的是在事物的上下、左右、前后等在布局上达到一种视觉上的平衡。均衡追求的是心理上的异形向量,通过色彩、图案等元素在物体轴两侧以等量不等形的形态出现。与对称相比,均衡更自由。它在视觉上按照中心来分布,在静中趋向于动。它不仅克服了对称存在的严肃呆板的缺陷,还显得富有生气,具有极强的稳定性。

均衡美也是室内设计中常用的一种形式美法则,在室内空间中体现在对各构成元素形态的对比处理上,以均衡的方式对空间中的材料肌理、空间界面、色彩灯光、家居陈设等进行合理的分配布置,以达到视觉上的平衡,有活泼、丰富、生动和富有变化的视觉特点。例如,在色彩方面,均衡美的重点表现在色彩的色调与比重方面。若空间环境的主色调为暖色系,则在家具和装饰等其他方面需要搭配冷色调,以达到视觉上的平衡,表现出一种趋于稳定的动态之美。通常,设计者也会利用均衡美的形式法则去摆放家具等。

3.室内设计的意境美

在当代设计中,意境美是把控空间品质的核心。"意境"是室内空间的灵魂和精华,意境美的营造对空间环境的设计美感具有十分重要的作用。设计师可通过营造所谓的意境,传达出想要表达的审美理念,使整个空间环境变得丰富而灵动。为了达到想要的空间效果,往往需要借助丰富多样的空间语言。设计师如何利用各种元素并将它们巧妙融入室内环境之中,是营造意境美的关键一步。

具体来说,要想营造意境美,就要结合场地条件与地域文化背景,使材料肌理、色彩光照、界面形态、室内陈设等所代表的形式语言在环境中发生对话,将它们进行空间组合，从而表达出想要传达的艺术思想。此外，在设计中应保持各个元素之间的平衡，做到主次呼应、张弛有度。一旦过于强调某一空间元素，或者该元素在空间内过于占领主导环节，那么就需要其他元素给予恰当的支持。总之，设计师可综合运用各种元素进行布置，营造出一种虚体的空间美观，提高空间的整体格调，并使空间具有较强的艺术张力。

第二章 室内设计中的造型元素

第一节 室内设计中的形

室内设计中的形是人们在空间中能感知的形状,是客观事物在人们大脑中的反映。室内空间是多界面围合而成的,因此本节所关注的形既有平面意义上的形,又有空间意义上的形。空间中的物体有各自的形态,它们以各自的方式存在空间中。空间围合体的形态变化会直接影响空间的形态,空间围合体墙立面的平面分割形态也会影响室内空间形态。笔者认为,室内空间中的任何存在物都会影响空间的形。

下面,笔者抛开室内空间中的形态的其他属性,如材质、色彩等,只对空间中形的变化进行探讨。

一、室内设计中的点形态

(一)点的概念

点一般用来表示相对的空间位置,它没有指向性和具体的尺度,是相对周围环境所定义的一个相对概念。几何学的点是线与线的交叉,它只有位置,没有形状可言。

点作为一种视觉元素,其意义较为丰富。在自然形态和人为形态中,点具有可视特征。一般来说,我们可以通过把物象进行浓缩或简化,得到点。在构图布局中,点具有很强的调节和修饰作用。在具体的构图设计过程中,点并非都是以圆点形状出现,一些个体较小的元素都可视之为点。在版面中,任何一个单独而细小的形象都可以称之为点。点的存在是相对而言的,比如在版面中一个文字、一个商标、一个按钮等都可称为点。另外,点是相对线和面存在的视觉元素。"点"排列的形状、方向、大小、位置等能够给人带来不同的心理感受和视觉冲击,在标志设计、版式设计、招贴设计等实际设计中被广泛应用。在造型艺术上，点是视觉所能感知的形态，点除了有位置还有大小及各种状态。从室内设计上讲，点是看得见、有位置、有形状、有大小的造型元素，是空间中的形态。

（二）点的特征

1.多样性

在室内空间设计中，点具有多样性，它会以不同的面貌出现，主要有方形、有圆形、有三角形等形态。

室内空间中的点会出现在空间中的各个部位。空间中色彩的对比、材质的改变及形态的对比，都会产生点形态的感觉。例如，顶棚上的一盏灯就是一个点形态，而灯具形状并不影响灯作为点的属性。室内空间中的某一个小配饰，往往也是以点的形态出现。因此，点与点的形态关系在空间中非常重要。在室内设计中，既要充分利用点形态的多样性，丰富室内空间，满足功能需求，还要控制好点形态与整体的关系，形成视觉美。

2.相对性

在室内空间中，相对于整体背景而言，比较小的形体可称为点形态。这种相对性要求室内设计师在处理空间关系时，要特别注意空间形态中形体的比例关系，做到点、线、面、体相得益彰，这样才能构成空间关系的比例、节奏、韵律的美感。例如，增加室内的点元素，利用墙面的挂饰等，增强空间的层次感，使墙面产生点的跳跃，化解空间的单调感和压抑感。由于点形态的相对性，挂饰内的某一个色块可能形成相对这个挂饰的点形态。相对墙体来讲，挂饰是点形态；而相对挂饰来讲，其中的一个色块也是点形态。设计时应注意色彩的搭配，过于跳跃的色块可能喧宾夺主，造成空间的杂乱感。

3.占有性

我们知道两点之间可以连线，多点排列则会出现不同排列顺序的面或体，这种点的重构所形成的面和体形态，丰富了空间形态的多样性。另外，点形态的重构除形成虚体空间形态外，还对空间构成虚拟的占有性。这对空间的功能划分，以及空间形态的虚实对比均起着至关重要的作用。

例如，人民大会堂顶棚的筒灯是一个点形态，当它们重复排列时，就构成了一个面的感觉，这种由点构成的面的感觉与实体的面是不同的，它有着更加丰富的面的纹理，构成了特有的点的美感，丰富了形态的空间效果。

再如，在空旷地面上平行设置点形态，它就会形成对空间的重新分割，划分出多个相对独立的区域。如果将四个点形态按照正方形的四个点来摆放，那么这四个点就能围成一个心理空间。这个空间既有通透性与连续性，又有一定的区域界定感。

4.凝聚性

点在人们的视觉中具有很强的注目感，往往会形成焦点和向心感。在室内空间形态中，很多点形态能起到点睛的作用，它们能形成局部的跳跃和视觉中心。点形态往往是在相对大面积背景的衬托下产生的，会使整体空间产生一个亮点。例如，在一个墙面前放置一个装饰条案，在条案上放置一个花饰，通过局部灯光的照射，这盆花饰作为光彩夺目的点形态跳跃出来，成为视觉中心，人们的视线会立即集中在它上面。这种处理手法往往在室内设计中会起到突出视觉中心、营造空间氛围的作用。

此外，在室内空间中，点具有一定的平衡作用。点具有突出性和跳跃性，在室内设计中，不同的点形态会起到不同的平衡作用，这与点形态的材质、形态、大小都有关。例如，在办公室的某一角落放置一盆植物，除了会为办公室增添一抹绿色，还会使人们关注这盆植物放置的位置。实际上，人们是在寻找这个点形态在整体空间中的平衡。这盆植物摆放合理，人们会觉得舒适；反之，则会感到不适。

对于点形态的理解和认识，需要在实际设计过程中不断深化。只有把握好点形态的特征，才能在室内设计中更好地发挥点形态的作用。

二、室内设计中的线形态

在造型艺术和设计艺术中，线是极其重要的表现手段。在自然形态中，线条往往只是概念的。在几何学上，线是点在移动过程中留下的轨迹。

在自然形态中，一个物体的构成是没有线的。例如，一个立方体，面与面的物理边界是概念性的线。作为造型艺术，将自然形态转化为艺术形态时，线是造型的基本元素。

线形态作为室内空间的一种造型元素，有其相对的独立性。将线形态作为相对独立的要素，来探讨其属性和特征，在室内设计中是格外重要的。

（一）线的基本形态

线有水平方向、垂直方向、对角方向、弯曲方向，线是相对的。线的第一性质是长度，线是两点间的连接，是面与面之间相交的界线。点的移动轨迹决定着线的形态。如果点按照同一方向移动，则产生直线；如果点经过一定的距离后改变方向，则产生折线；如果点移动的方向是有规律的，且不断变化的，则产生曲线。

在室内空间中，线是相对于其他形态要素存在的。在室内空间中，若干点的排列，往往会构成线形态。例如，将室内灯（点形态）有序排列，就能构成线的形态。在室内设计中，线会以各种形态出现，它能丰富室内空间的形态。通过线要素与其他空间元素的合理搭配，一定程度上可以满足室内空间的功能需求和审美需求。

（二）线的空间结构特征

线可以围合成一个形状，空间中的任何形体都有边界线，这些线在空间构图中起着重要作用，室内空间表情多是通过这些线传达给人们的。在空间中，面和体是多样的。面和体构成的界线是空间的表情骨架，面与面的转折构成了线。如果改变线的空间结构特征，则空间的表情也会随之变化。例如，一个墙面的转角通常是竖直的，一旦我们改变转角的线形，柔和的曲面或斜面往往会改变空间表情。

在空间结构中，线是不能孤立存在的，其长短、曲直、方向等是会变化的，这会影响室内造型的形象特征。在室内设计中，通常会遇到门洞口的处理。如果采用简洁的竖向线形包口套，门洞口就会有挺拔、硬朗的视觉效果；如果采用多层退台的造型，门洞口就会有厚重、丰富的视觉效果；如果采用弧形线条，门洞口就会显得柔和、亲切。这些结构线性的改变往往直接作用于人的心理，从而产生丰富的表情特征。

（三）线的作用

下面，笔者重点介绍线的空间强化作用和空间划分作用。

1.线的空间划分作用

室内空间的划分既有功能性的又有审美性的，首先要根据功能需求和空间的造型特征来确定能否采用线的划分。室内空间的划分有多种形式，从形态方面看，主要为直线划分形式与曲线划分形式。直线划分形式能强化室内空间的庄重感，曲线划分形式能强化室内空间的流畅感和亲切感。由于线形的空间划分有一定的通透性，所以这种划分形式既能使整体空间具有较好的流畅感和层次感，又能起到对空间区域的界定功能。

线的大小、长短等关系的变化，也会对空间的划分产生影响。例如，用竖向的木板线条划分空间，既能确定功能的区域感，又能使空间具有亲切感、通透性；用垂挂水晶珠帘划分空间，既能使空间更富有变化，增强空间的通透性，又能丰富空间的视觉层次。

2.线的空间强化作用

线的变化，构成了室内空间面的相互关系。这种关系的强化与减弱，与线形的强弱、数量密切相关。体、面的界线具有视觉上的引导作用，会直接影响室内空间的动势、比例关系、空间的界定等。例如，墙面横向排列的线，可强化空间的稳定性，并改变原有墙面的分割比例；顶棚上横向和纵向的线及不同的弧形线，也同样会影响空间的视觉效果。

室内空间线形的应用是千变万化的，线形的表情特征也是多样的，它与材质、比例、色彩等要素有直接的关系。在实际设计中，要根据空间的整体性和功能需求，确定使用线形态要素，还要注意不同线形给人的不同心理感受，把握线形的造型规律，了解线性的性格属性，创造富有个性的空间。

三、室内设计中的面形态

面是线移动的轨迹。在室内设计中，面是概念性的，以虚体的形式出现，面的存在体现为空间中一定的相互关系。面对空间的占有性是非常大的，如围合室内空间的墙体就具有面的属性。面对室内空间的整体质量起着重要作用。

面分为两大类：一是平面，二是曲面。平面的视觉特征是平整、稳定、简洁、安定、沉稳，它的形态特征直接影响室内空间的效果；曲面的视觉特征是柔和、亲切、圆润、流畅、饱满、富有动感，它对塑造柔和流畅的空间起着重要作用。

面形态在室内设计中的应用是多种多样的，它具有相对性。相对较大的形态要素才形成面形态，不同的面形态会构成不同的空间特征。面形态可分为平面形态和曲面形态两类。平面形态还可分为多边形、梯形、平行四边形等多种形态。曲面形态可分为几何曲面和自由曲面。对于面形态的应用，相关人员可根据室内空间的功能要求适当调整。

（一）面的基本形态

面形态在室内设计中是重要的造型要素，面具有丰富的体量感和情感特征，面形态的性格特征往往是在特定空间中受多种要素影响形成的。因此，在空间中，面形态的性格特征往往在不同的组合方式中体现出来。要想理解面的基本形态，就要着重了解面的组合、面的虚拟。

1.面的组合

在室内空间中，面占有巨大的空间体量。在空间中，将面形态按照形式美的原则进行大小、疏密、有致的处理，可使面产生节奏、韵律、体量感，突出面的形态表情。例如，一个曲面的造型难以营造出整体的氛围，而当这种曲面以不同的节奏、大小、疏密在空间中重复出现时，这种曲面的表情特征会凸显出来，并成为控制整体的形态要素。当面的关系构成情景语言时，面的形态特征会更突出。

2.面的虚拟

在空间设计中，实体存在的面是影响人们心理的重要因素。对于面形态来讲，其虚拟形态在空间中起着至关重要的作用。将空间面形态进行虚实对比，往往能产生丰富的视觉效果。例如，墙面上的一个镂空造型会在实体墙上构成一个虚拟的面形态，这个形态会以自身特征影响人的心理，在正负向交替对比中使室内空间层次更加丰富。

（二）面的空间结构特征

在室内空间设计中，只要以面形态出现，一定是具有一定体量关系的，占有相当的空间份额。空间中的面都有边界，这些边界的连接构成了空间的结构特征。因此，面的形状和组织方式是空间特征和舒适度的决定因素。方形的面具有相对的稳定性，三角形的面具有不稳定感，梯形的面具有挺拔感，弧形的面具有运动感。面的不同形态特征是确定空间构架的因素。例如，弧形的面形态构成的空间，往往使人感到生动、新鲜；方形的面形态构成的空间，往往使人感到稳定、规整。

面所具有的空间结构特征是通过面的连接、面的分离、面的叠加、面的交叉等关系来实现的。面的相互关系不同，在空间中构成的形态特征也不同。

（三）面的作用

面的作用有很多，下面重点介绍面的空间划分作用和面的空间强化作用。

1.面的空间划分作用

对空间的围合一般是通过面实现的，这实际上也是对空间的限定。面对空间的控制力非常强大，在对空间围合、划分的过程中，面形态起着重要作用。不同形态的面往往能产生不同形态的空间。从大的形态特征讲，面的划分主要分为平面划分和曲面划分。平面划分可以明确划分空间范围，最大限度地利用空间，使空间较为规整。曲面划分使空间富有柔美感，且流畅、有变化。在室内设计中，同时应用直面与曲面的划分往往能产生丰富的空间变化，使空间富有一定的动感。

在室内设计中，面对空间的划分与面的形态、大小、疏密、色彩等因素有直接关系，构成的空间特征也是多种多样的。因此，要根据实际空间和功能需求，应用不同的面形态对空间进行界定，从而创造合理的空间。

2.面的空间强化作用

面的变化能影响空间的特征。面对空间的强化，不是通过围合与划分。面形态可以在空间中的特定位置控制一个"场"，形成一个心理空间。它不会使空间形成很多"墙"，造成拥堵感。例如：在会客区地面上放一块工艺毯，它所构成的面的区域感会形成会客区的"场"；餐厅顶部的一个局部造型也会强烈控制餐桌的位置，强化用餐的区域。这些面形态的作用，丰富了塑造空间形态的手段，使空间更有连续性和通透性。

四、室内设计中的体形态

在室内空间设计中，体的形态无处不在。人们通过视觉所感知到的有关形的大小、方圆、曲直、厚薄、高低等，均以体的形态出现在空间中。

按几何学定义，体是面移动的轨迹。在室内设计中，体是由点、线、面围合起来所构成的三维空间，它是室内设计中的基础元素。

（一）体的基本形态

室内空间中的体形态可分为几何形体与非几何形体。在空间设计中，由于制作工艺的要求，几何形体相对较多，非几何形体则更多的是一些陈设物和一些软体装饰。

几何体有正方体、长方体、圆柱体、圆锥体、三棱锥体、球体、多面体等形态。规则的几何形态在室内空间中非常多，如室内空间中的立柱可能是长方体，可能是圆柱体。非几何形体主要是指一些不规则的形体。室内的软装饰品，如窗帘、植物等，有着丰富的空间形态，能软化空间质感。

室内空间中的体形态无处不在，但是空间中的体形态也是由点、线、面等形态要素构成的。例如，线形态的空间组合可产生体形态，面与面的组合可构成体形态，面形态与线形态的组合也可以产生体形态。因此，体形态是具有多样性的，它具有丰富的空间形态特征。

从室内空间的视觉特征来讲，体又可分为实体与虚体。由体和面围合的体形态具有充实的体量，称为实体，它对空间的界定性和占有性很强。例如，用四面实体墙围合的空间，具有很强的私密性。由线形态和点形态构成的体具有一定的穿透性，称为虚体。例如，垂挂的水晶珠帘所围合的空间，虽对空间有一定的界定性，但由于线形态所构成的墙体具有穿透性，所以这个空间围合体不具备很强的私密性。这种实体与虚体的结合营造出空间形态的多样性。

实体、虚体又根据其对空间的控制力，构成独特的体形态。

1.用点、线构成的体形态

这类体形态具有一定穿透性，其围合空间的体是由点或线构成，从而具有一定的通透性。它对空间有一定的控制力，但更灵活。

2.实体形态

实体形态是由面和体围合的空间。根据围合程度的不同，实体形态对空间控制力的强弱也不同。完全围合则有很强的空间控制力，半围合或不连接的围合，虽然对空间有一定的围合度，但在面与面之间有开放性空间，与其他外部空间有相融性。

3.实体与虚体的组合构成

利用实体与虚体相互穿插围合空间，实中有虚，虚中有实。例如，利用线形态与面形态的结合，可使空间的紧张感得到一定缓解。

空间中体形态的应用与体形态的大小、比例、材质、色彩都有密不可分的关系。

（二）体形态的空间结构特征

体形态在室内空间中无处不在，而影响室内结构特质的体形态则大多具有一定的体量。体形态之间的关系是决定空间特征的重要因素。例如，方的四面体空间就决定了空间本身的方正、规整。如果方形空间中一面的结构关系改变，则空间的特征也会随即改变。四个面围合的方形空间，其中一个面做分开式构成，就会改变原有空间的封闭、呆板，具备空间流动性与外界的相融性。如果再将某个面改为弧形面，则空间的形态特征又发生了变化，会具有活跃性和亲和力。

体形态的不同构成方式体现出空间的不同表情。因此，在室内空间设计中，调动交叉、重叠、相连、分离、方向、位置等要素可营造出丰富的空间形态。

（三）体形态的作用

1.体的空间划分作用

体形态既能围合空间，又能分隔空间，且能分为实体与虚体，所以划分空间时也同样具有多种形式。可以根据空间功能需要，利用不同的体形态划分出不同特征的空间形态。例如，室内空间中的沙发围合起来即可划分出一个特定的区域。

在空间中设置一面墙体，即可划分出两个空间，其分隔作用极强。体形态对空间的分隔与体形态本身的大小、比例、虚实都有关系。

2.体的空间强化作用

室内空间的形态都是以体形态出现的。由于体形态在空间中具有一定的体量，并且对空间具有一定的占有性，所以在室内设计中可利用体形态的大小、方向、位置等强化室内空间，如对空间重点部位的强化。

（四）体形态的情感特征

体形态在空间中具有不同的形态特征，如强与弱、轻与重、柔与刚、软与硬等。这些不同的体形态以各自的形态特征作用于人们的心理，从而使人们产生不同的感受。

（五）体形态的空间构图

体形态在空间中具有不同的体量感，这种体量感是影响人们心理平衡的重要因素。在室内空间设计中，要想把握好空间构图中的量的平衡，首先就要应用好体形态的体量关系，使空间满足功能需求，符合人的生理和心理的平衡感。对于空间构图，整体空间的量感的平衡与体形态的质感、体量、色彩、肌理、光线、比例等因素有关，我们可以利用这些要素来调节空间的平衡感。

体形态的不同组合方式会产生不同的情感特征，如虚与实、高与低、强与弱等。体形态高大就会产生崇高、强大的感觉，线形态与体形态的构成能产生更好的虚实之美。

常见的单一的体形态介绍如下：

第一，方形，是由垂直和水平线构成，有秩序感、单调感，使人感到强壮、稳定、庄重。

第二，三角形，是由斜线构成的，比较活跃、锐利。

第三，梯形，具有良好的稳定感和支撑感，形态有力度。

第四，圆形和弧形，具有运动感，形态柔和、流畅、富有变化，是具有多种表情特征的形态。

在室内设计中，空间是由体形态构成的。这些体形态相互影响、相互联系，在室内空间中不是孤立存在的，而是由不同的形态关系构成的，会产生不同的形态表情特征。在平时，要注意积累与不同体形态表情特征相关的经验，以便在设计中合理运用这种视觉语言。

第二节　室内设计中的色彩

色彩是室内设计中最为生动、活跃的因素，在室内设计中起着重要的作用，是室内设计中积极的、富有表现力的手段，具有很大的视觉影响力。

一、色彩的基本概念

人们所感知的色彩实际上源于光线，没有光人们就感觉不到色彩的存在。人的视觉器官有感觉外界物体的光和颜色的功能。可见光的波长范围一般是 380～780 nm。色彩是通过不同的物质对可见光中不同波长的光的吸收与反射形成的。例如，我们看到的红色物体只反射了红光，吸收了除红光外的其他可见光。人类对色彩的感知是光对人的视觉和大脑发生作用的结果，是一种视知觉。

为更好地理解色彩，我们应了解色彩的三属性。

色彩的基本要素即明度、色相、纯度，它们是构成色彩的最基本元素，也称色彩的三属性。

（一）明度

明度是指色彩的明暗程度。在无彩色中，明度最高的色是白色，明度最低的色是黑色，从白色至黑色之间存在一个从亮到暗的灰色系列。而在有彩色中，每个色彩均有自己的明度属性。例如，黄色为明度较高的色，而绿色的明度则相对较低。明度在三属性中具有较强的独立性。

（二）色相

色相即色彩的相貌属性。这种属性可以将光谱上的不同部分区别开。人们视觉能感知的红、橙、黄、绿、蓝、紫等不同特征的色彩，均有自己不同的名称，有特定的色彩印象。在可见光谱中，具有不同特征的色彩的波长与频率不同，它们从长到短依次排列，构成了色彩体系中的基本色相。

（三）纯度

纯度是指色彩的鲜艳程度和饱和度。人们看到的每一个色彩均有不同的鲜艳程度。例如红色，在加入一定的白色后，虽保持红色色相的特征，但其鲜艳程度降低，变成了浅红色。

在实际应用中，很多颜色是非高纯度的色彩。因此，我们要对色彩的三属性进行合理应用，以营造和谐而富有变化的色彩空间。

二、色彩的心理功能

心理学家认为，色彩直接影响人的情感体验，是一种情感语言。色彩是室内设计的灵魂，在室内设计中处于举足轻重的地位。

在室内设计中，色彩是最具表现力和感染力的因素。色彩能在较短的时间内使人产生丰富的联想，了解空间的寓意和象征。在实践中，设计师可通过合理运用色彩，满足室内空间的功能和精神需求。

（一）色彩的空间效应

合理应用色彩本身具有的一些心理效应，将会赋予室内空间一定魅力。

1.温度感

在色彩学中，色彩的不同特性会引起人的不同反应。按照不同的色相，色彩可分为冷色系、暖色系。紫红、红、橙、黄到黄绿，可称为暖色系。其中，橙色最暖。青紫、青至青绿，可称为冷色系。其中，青色最冷。这些心理感受与人类的生活经验是一致的。例如，人们看到红色、黄色，多会联想到太阳、火焰等；而看到青色、绿色，又多会联想到树木、田野、海水等；等等。在室内设计中，合理采用暖色系的颜色搭配可营造温馨舒适的空间效果。合理应用冷色系的颜色搭配，可营造清爽、纯净的氛围。

2.距离感

色彩的远近感在室内设计中起着非常重要的作用。一般纯度较高的色彩和暖色系会产生接近的心理感受，而纯度较低的色彩与冷色系则会产生后退的感觉，当然，这些都是相对而言。在室内设计中，合理地选择和组织色彩的关系可重新塑造原有的物理空间，从而使突出的部位更突出，作为衬托的环境更具有背景感，从色彩上塑造空间的虚与实、主与次，营造出满足实际需求的心理空间。

3.分量感

色彩的明度和纯度是构成不同分量感的主要因素。色彩的明度和纯度较高，容易使人感到轻快；反之，则易使人感到沉重。例如，浅蓝色和深蓝色往往会给人两种不同的分量感。在室内设计中，可利用色彩对人心理的影响强化某一空间的分量感，营造特定的心理氛围，或者以此达到整体空间的平衡。

4.尺度感

色彩既能作用于人的心理，使人形成不同的心理感受，又能影响空间及物体的心理尺度。色相与明度是主要因素，暖色系和明度较高的色彩具有一定的扩散性，使原有物体和空间显得较大，而冷色系与明度较低的色彩则会使原有物体显得相对较小，如人穿深色衣服时会比穿浅色衣服时显得相对瘦些。在室内设计中，可利用色彩的这些特点，有效增加形体的扩散感或收缩感，达到满意的视觉效果。

以上这些因素均在室内设计中发挥着重要的作用。设计师要合理组织这些因素，同时调配好这些因素与其他造型要素的关系，从而更好地发挥它们的作用。

（二）色彩的情感效应

在室内空间设计中，色彩有着重要作用。色彩本身也有丰富的含义和象征意义，不同的色彩可表现不同的情感，引起不同的心理反应。不同的人对同一色彩的感受可能不同，这与人的年龄、性格、素养、民族、习惯等有关。

1.红色

这是一种较刺激的颜色，视觉感强烈，使人感到崇敬、伟大、热烈、活泼，通常不宜过多使用，对视觉有较强烈的刺激。

2.黄色

黄色具有较强的穿透力和跳跃性，往往使人感到明朗、活跃、温情、华贵、兴奋。

3.绿色

绿色象征着健康与生命，对人的视觉有益处，使人感到稳重、舒适。绿色可缓解人的视觉疲劳，营造较舒适的空间氛围，但不宜过多使用，易使人感到冷清。

4.蓝色

蓝色使人感到开阔、深邃、内向、镇静。由于蓝色易使人联想到蓝天、大海，因此对人的情绪有较好的调节作用，但使用过多，会使人觉得沉重。

5.白色

白色使人感觉纯净、纯洁、安静，它具有一定的扩散性，较小的空间以白色为主调，在视觉上会显得比较宽敞。

6.黑色

黑色与白色均为无色系。在现代的室内设计中，使用这种色彩，可以营造富有个性的空间效果。黑色给人神秘、深沉、高贵的感觉。

7.紫色

紫色让人感觉浪漫、雅致、优美，它具有相对较低的明度和纯度，往往会在不经意间影响人的情绪。

在室内空间设计中，色彩发挥着重要作用。色彩不同要素的变化，会使人产生微妙的情感变化，室内设计师应注意这一点。

三、室内色彩设计的原则

色彩是室内环境设计的灵魂。要想营造良好的室内空间环境，提升空间质量，就要在设计中合理组织色彩的各要素。在室内设计中，色彩设计要遵循一些基本原则，这些原则能更好地指导我们合理运用色彩，以达到最佳的空间效果。

1.符合使用功能

不同的使用目的会对空间环境有不同的需求。一般情况下，形式和色彩要服从功能。这种对功能的服从，既符合色彩的基本规律，又符合人们在生活中长期积累的经验。室内色彩设计也要根据不同空间的功能进行相应的调整。在室内空间设计中，可以利用色彩的明暗度来创造气氛。使用高明度色彩，往往给人以活泼、轻盈的感觉；使用低明度的色彩和较暗的灯光来装饰，则给人一种温馨之感。使用纯度较高、鲜艳的色彩，有助于创造一种欢快、活泼与愉快的空间气氛。使用纯度较低的各种色彩，有助于创造一种安静、柔和、舒适的空间气氛。设计师要根据室内空间功能的差异，认真考虑色彩的构成与搭配。

2.整体统一

在室内设计中，各种色彩相互作用于空间中，如何使各种色彩整体统一，恰当处理它们的关系是创造室内空间气氛的关键。例如，暖色调为扩张色，冷色调为收缩色。面积小的房间地面要选择暗色调的冷色，使人产生面积扩大的感觉，若选用色彩明亮的暖色地板，就会使空间显得更狭窄，增加压抑感。因此，设计者应掌握配色的原理，协调好各种色彩的关系。

室内设计中的色彩配置必须遵循整体统一原则。在室内设计中，设计师要处理好协调与对比的关系、主与次的关系，充分发挥室内色彩对空间的美化作用。首先，设计师要根据功能需要科学地确定室内空间的色彩主调，然后围绕主色调选择合适的装修色彩搭配策略，从而强化室内空间的整体气氛，提升空间的品质。主色调对室内空间起着强化烘托的作用，能有效地为功能服务。

3.尊重不同的文化与习惯

在室内设计时，设计师要考虑不同民族、不同地区及文化传统的特征，要尊重普遍被大众接受的习惯。不同民族、不同地区的人文化背景不同，生活习惯不同，审美要求也不同。因此，在进行室内色彩设计时，不能忽视这一点。

4.力求符合空间构图需要

室内色彩配置必须符合空间构图需要，充分发挥室内色彩对空间的美化作用。在室内空间设计中，设计者要正确处理协调和对比、统一与变化、主体与背景的关系，从而取得好的设计效果。需要注意的是，为了取得统一又有变化的效果，大面积的色块不宜采用过分鲜艳的色彩，小面积的色块可适当提高色彩的明度和纯度。

5.将自然色彩融入室内空间

将自然的色彩引进室内，在室内创造自然色彩的气氛，可有效加深人与自然的亲密关系。树木、花草、水池、石头等是装饰点缀室内装饰色彩的重要元素，它们的色彩极为丰富，可让人产生轻松愉快的联想，并将人带入一种轻松自然的空间之中，同时也可让内外空间相融。

四、室内色彩设计的方法

任何室内空间的设计，都离不开色彩，也离不开色彩的对比与协调。要想实现良好的空间效果，就要根据室内空间的功能需求和特征，选择恰当的室内色彩设计的方法。

（一）色彩的协调与对比

色彩的感染力的关键在于如何搭配颜色，如何合理应用色彩的基本要素，这也是室内色彩效果好坏的关键。

凡·高说："没有不好的颜色，只有不好的搭配。"与人们息息相关的室内空间中的色彩是空间设计的灵魂，有经验的设计师能充分发挥色彩在室内设计中作用。

利用色彩的基本属性能创造富有个性、有品位的空间环境，而色彩的基本属性决定了色彩构成基本规律，色彩的效果取决于不同颜色间的关系。

1.确定主色调

当空间中一个色彩占据主导地位时，有助于达到整体色调的统一。主色调确定后，就要考虑次色调，使局部服从整体。一般情况下，局部小面积的色彩跳跃不会影响整体的统一。在色彩的协调与对比方面，设计师可通过色彩的面积对比，构成色彩的和谐，如以大面积的浅米色为主色调，即使增加小面积的对比色，也只是局部的跳跃，不会影响整体色调的统一。

2.降低色彩的纯度

降低色彩的纯度可使主要的色彩均处于低纯度状态下，使色彩对比较为柔和。即使在纯色中加入适量的白或黑，其所构成的对比也是协调的。例如，在蓝色与黄色中加入一定量的白色，降低彼此的纯度，在室内空间中可形成统一的关系。

3.利用近似色

在色环上，左右相近区域的色彩容易构成协调的关系，如黄色与橙黄色，红色与橙红色等。在室内设计中，往往利用高纯度的近似色营造视觉强烈而又协调的空间氛围。

4.注意动态与静态的关系

室内空间有其特殊性，由于空间中的人处于静态和动态两种形态，所以色彩的对比也可产生两种方式，即"同时对比"和"连续对比"。

当人处于相对静态时，室内空间的色彩会同时作用于人的视觉，即会产生"同时对比"。这时，就要依据色彩的基本属性，如色彩的面积大小、纯度高低等，使处在同一空间的色彩统一。当人处于动态时，会在不同的区域或功能空间中感受不同的色彩氛围。因此，可利用这种空间的转换，进行色彩的对比与统一的处理。在这一过程中，从一个空间过渡到另一个空间，会产生时间和空间的过渡，可适当减弱"同时对比"带来的过强视觉反差。这些在室内设计中要给予特别关注。

（二）色彩的空间构图

谈到色彩的空间构图，不是色彩在空间中的对比，而是指色彩在室内空间中的节奏与韵律。利用色彩在空间中不同部位的关系，营造良好的室内氛围。

第一，通过色彩处理，满足功能的需求，强化某一部位或减弱某一部位，在处理功能的同时调整不同空间界面上的关系与色彩的节奏。例如，人们可以通过墙面与地面的协调强化家具陈设，也可以通过顶棚上局部区域的色彩变化，强化相应地面的功能区域感。另外，色彩的软性功能非常强，不须通过形体分割，即可达到目的。例如，餐桌上对应的顶棚色彩就可强化用餐区。

第二，通过色彩改造原有空间的物理属性。由于色彩有极强的视觉感染力，所以利用色彩在空间中的六个面上做色彩分割，可打破单调的六面体空间。例如，不按顶棚和墙面的界线来划分色彩，而是将墙与顶棚做斜线的色彩贯通，就会创造出新的心理空间，模糊原有空间的构图形式。

第三，通过色彩改造室内空间的大或小、远或近、强或弱。色彩本身可以对人产生一定的心理效应，故人们可利用这一特点，弥补空间的不足或强化空间的特征，在原有空间不可改变的情况下，利用色彩的合理组合达到满意的效果。例如，可以利用灰色减弱某个墙面的跳跃感，也可以利用明亮的色彩使某个墙面更加突出。

五、室内色彩设计的要求

室内色彩设计要综合考虑室内空间的功能、美观、形式、建筑装饰材料等构成因素，此外地理、气候、民族特色等因素也需要注意。

（一）室内色彩设计的功能要求

由于色彩具有明显的视觉效果，能影响人们的生活、生产、工作和学习。因此，在进行室内色彩设计时，考虑不同空间的功能要求，并使用相应的色彩进行搭配是非常必要的。

教学楼、办公室、图书馆等以工作、学习为主要功能的场所，色彩设计以明亮、沉着、平和为主要特点，可选用淡绿色、淡蓝色、暖灰色、乳白色等。

医院、疗养院等场所的色彩设计应以有利于病人休养为前提，以暖色调为主，给人积极向上、生机勃勃的感觉。应尽量避免冷色调，以免使人产生忧郁、悲伤等情绪。

餐厅、酒吧等场所的色彩设计应以其功能为主要依据。一般情况下，餐厅、酒吧的色彩应给人以干净、明快的感觉。大型餐厅、宴会厅应与照明设计搭配，营造出热烈的气氛。暖色调如橙色等，可以刺激食欲，增强人的兴致，因而也常用于餐厅、酒吧的色彩搭配中。

商店、商场等销售场所，所要销售的商品各式各样、琳琅满目，色彩设计应突出商品，集中顾客的注意力，通常使用较素雅的背景色，以免喧宾夺主。

车站、展览馆的色彩设计应具有一定的导向性，用醒目的导向色彩表示进出的路线；候车室的色彩应该给人以明朗、安静、沉着的感觉，以免候车人躁动不安。

住宅空间中，起居室是家人聚会和招待客人的地方，色彩设计要营造亲切、和睦、舒适、大方、优雅的氛围。卧室等以休息功能为主的地方，色彩设计要营造平静、舒适的氛围。除了休息、接待和会客等功能外，住宅空间中还有用于娱乐的场所，色彩设计以活泼、欢快为主。

在进行室内色彩设计时，除了考虑功能要求，还要具体问题具体分析，如要认真分析空间的风格和用途，认真分析人在空间中的感觉，注意适应生产和生活方式的变化等。

（二）室内色彩设计的构图要求

要充分发挥室内色彩设计的美观作用，色彩的配置就必须符合"美"的原则，因此，设计师要正确处理协调与对比、统一与变化、主景与背景、基调与辅调等各种关系。在室内空间设计中，色彩种类少，容易处理，但会比较单调；色彩种类繁多，富于变化，但如果使用不当就会显得杂乱无章。针对以上种种，解决好构图问题是很有必要的。

在专业设计领域，通常把室内色彩分为背景色、主体色、强调色三部分。背景色是面积最大的色彩，这部分颜色多彩度较弱、较灰，对房间里其他物件起衬托作用。主体色一般指室内家具、陈设等的颜色，是整个室内空间的色彩主体，一般是较强烈的色彩。强调色作为室内重点装饰和点缀的小面积色彩，面积不大，也不集中，但是较为显眼、作用突出，应用得当能起到活跃空间气氛的作用。

1.确定色彩的基调和辅调

在室内色彩设计中，色调是决定整体色彩氛围的关键。室内空间的色调分为基调和辅调。

基调在空间氛围的创造中发挥着主导作用，并且由面积最大、人们关注最多的色块决定。一般来说，墙面、天花（顶棚）、地面、窗帘、桌布等的色彩都是构成室内色彩基调的关键。辅调则是与基调相呼应、相辅相成，起点缀作用的局部色彩。

从明度上来讲，有明调、灰调和暗调，可以亮色为基调，暗色为辅调；从冷暖上来讲，有冷调、温调和暖调，冷暖调可互为基调和辅调；从色相上来讲，有黄调、蓝调、绿调等，可根据具体情况确定基调和辅调。

2.处理色彩的统一与变化

确定色调是色彩设计的关键，但是色调统一却没有变化，仍然难以达到美观、耐看的效果。反之，色彩缤纷复杂，只有变化却没有统一，又会显得杂乱无章。因而，处理好色彩的统一与变化是至关重要的。一般来说，为取得既统一又有变化的效果，基调不宜用过于鲜亮、艳丽，纯度过高的色彩，而辅调则可适当地提高明度、纯度，起到点缀的效果，从而形成主次分明、层次清楚的色彩关系。

3.注意色彩的稳定感和平衡感

根据人的视觉习惯，在室内色彩设计中，应以"上轻下重，上浅下深"为设计原则。因而，一般天花板的颜色最浅，墙面的颜色居中，地面的颜色最深。并且，室内色彩的明度和纯度都不宜过高，以免破坏整体的平衡感。

4.注意色彩的韵律感和节奏感

色彩设计是有起伏变化的，并且具有一定的规律，能够形成一定的韵律感与节奏感。一般来说，有规律地布置门窗、墙面、窗帘、餐桌、沙发、灯具、书画等的色彩关系，能够产生一定的韵律感和节奏感。

5.密切结合建筑、装饰材料的色彩

研究色彩效果与材料的关系主要是解决好两个问题：一是色彩用于不同质感的材料，会产生怎样的效果；二是如何充分运用材料的本色，使室内色彩更加自然、清新和丰富。实际案例已表明：同一色彩用于不同质感的材料，效果相差很大，能够使人们在统一中感受到变化，在总体协调的前提下感受到细微的差别。充分运用材料的本色，也可以减少人工雕琢感，使色彩关系更趋于自然。例如，我国南方民居和园林建筑中，常用竹子来进行装饰，格调清新、素雅，给人以贴近自然之感，这一做法被许多室内外设计借鉴，被广大设计师沿用至今。

（三）室内色彩设计的注意事项

1.注意与空间形势的协调

空间形式与色彩的关系是相辅相成的。一方面，由于空间形式是先于色彩设计而确定的，所以它是色彩搭配的基础；另一方面，色彩具有一定的物理效果，可以在一定程度上改变空间形式的尺度和比例。例如，若空间过于开阔，可用近感色减弱空旷感，增加亲切感；若空间过于局促，可使用远感色，使界面后退，减弱局促感。同时，还可以利用色彩的横竖划分来改善空间形势，减少空间的单调感。

2.注意民族、地区特点和气候等因素

色彩设计的相关规律是根据大多数人的审美要求、视觉感官舒适度等，经过长时间的实践验证总结出来的。不同的人种、民族，由于其生活的地理环境、历史文化等的不同，审美要求也不尽相同，因而色彩设计的规律和习惯也存在差异。例如，地处高原的藏族人民，由于白雪皑皑的环境和宗教信仰的影响，多用浓重的色彩和对比色装点服饰和建筑；而同样身处寒冷地区的北欧人，则喜欢木材的原色，他们认为木头的颜色能使

人感觉到温暖。气候条件对色彩设计有着很大的影响。一般来说，南方偏好使用较淡或偏冷的色调，而北方则多用偏暖的颜色。由此可推论，在同一室内空间中，不同朝向的房间其色彩设计也可以有相应的变化，朝阳的房间可以选用偏冷的色彩来进行设计，背阳的房间可以选用偏暖的色彩来进行设计。

第三节　室内设计中的材料

室内设计的目的是创造更好、更优质的空间环境，这也是材料应用最大的目标。材料不是空间的主角，设计师们应选用合理的材料，并结合其他设计元素，营造令人满意的空间美感。

一、室内设计材料的分类

室内设计中的材料种类繁多，按不同的分类标准可以分为不同的种类。

（一）按材质分

按材质分，室内设计材料可分为金属、塑料、陶瓷、玻璃、木材、涂料、纺织品、石材等种类。

1.金属

金属主要为铝板、表面肌理不同的装饰金属板、不锈钢板及各种金属型材。金属的特征是富有力度，结实、造型硬朗，给人以冷峻的感觉。

2.塑料

塑料主要有各类地面卷材及其他各类塑料型材，其特点是有较强的可塑性，并且富有一定的弹性，具有一定的亲和力和舒适度，有丰富的表面纹理。

3.陶瓷

陶瓷主要有各类瓷砖、面砖等，是国内外非常流行的新型材料。它坚硬耐腐，耐酸碱，光亮华丽，能做出各种肌理效果。

4.玻璃

玻璃是一种透明的固体物，透明性极高。玻璃的应用极广，除功能性外，还具有一定装饰性。它主要包括各种玻璃砖、中空玻璃、玻璃马赛克等，玻璃具有良好的透光性、隔声性，对酸碱有较强的抵抗能力，但易碎。

5.木材

木材主要有各种木制装饰板材、木地板、木线、木制成品挂板等，其种类繁多，在室内空间中应用广泛。经过现代工艺加工后的木材避免了原有的天然缺陷，具有良好的装饰效果。不同的木材有不同的视觉效果，其纹理、色泽等均有不同。但总的来说，木材具有良好的亲和力，触觉的舒适度和良好的视觉审美特征。

6.涂料

涂料是涂于物体表面，在一定条件下能形成薄膜起到保护装饰作用的一类液体或固体材料。早期的油漆及现代的其他涂料均属此类，涂料具有丰富的色系，几乎能满足各种色彩需求。有些涂料是具有各种肌理效果的特效漆，能表现出各种纹理、凹凸的视觉特征，其特点是遮盖力强，能模仿各类天然材质的纹理及其他特殊视觉效果，有较好的附着力，耐污染，有较好的耐久性。

7.纺织品

纺织品是纺织纤维经过加工织造而成的产品。装饰用纺织品包括各类装饰布，各类纺织的饰物及地毯类等。如今，各种防火、阻燃织物应运而生，为装饰设计提供了广阔空间。装饰用纺织品的特点是柔软，具有良好的透气性和视觉触觉效果，有亲切感、吸声性良好，色彩图案丰富。

8.石材

石材是一种较高档的装饰材料，主要包括为花岗岩和大理石，现在还有很多人造石材。石材具有天然形成的纹理，光洁度好，有较高的强度（抗压度），种类繁多。例如，花岗岩有非常高的强度、密实度，结晶状纹理为主，光洁度高，多用于室内地面；大理石相对较软，有较好的纹理，更适合室内空间使用。

（二）按心理感觉分

不同的材料有不同的物理属性。除考虑其物理属性之外，我们还应更多地关注材料的心理感觉。

按材料的心理感觉分，材料可分为以下几类：

1.冷与暖

冷暖与材料的属性有关，如金属、玻璃、石材，这些材料传递的视觉表情偏冷，而木材、织物等，这些材料传递的视觉表情偏暖。这些材料的冷暖，一是表现在身体的触觉，二是表现在视觉。由于材料表面属性的多样性，所以人们通过视觉感知材料的色彩、肌理等因素时会产生不同的心理感受。如深蓝色的织物与红色的石材，在视觉上，红色比蓝色感觉暖，而在触觉上，织物比石材暖。材料的冷暖感具有相对性，例如，石材相对金属偏暖，而相对木材则偏冷。在室内空间设计中合理组织搭配，才能营造良好的空间效果。

2.软与硬

室内空间材料的软与硬直接影响人的心理，且对室内空间的表情特征起着重要作用。软硬与材料的属性有关，如纤维织物能产生柔软的感觉，而石材、玻璃则能产生偏硬的感觉，不同硬度的材料有不同的情感特征。软性材料，亲切、柔和、更有亲和力；硬性材料，挺拔、硬朗、很有力度。要想营造温馨舒适的空间，就要适度增加软性材料；要想营造较为严肃的空间，则需要更多地选用硬性材料。材料的软与硬同样具有视觉和触觉两种属性。它们与各自所处的空间的位置、面积等都有关系。应用好材料的软、硬搭配，对塑造空间的个性特征有重要意义。

3.轻与重

室内空间更多的是依靠点、线、面、体塑造空间特征，而这些形态会因不同的材料特性而影响人的心理。这为室内空间材料的应用和个性塑造提供了丰富的表现手段。此外，设计师需要注意空间构图的平衡感。轻质材料如玻璃、丝绸等，轻质材料的合理使用可使空间更柔和、轻松。轻质材料在空间中相对更有轻盈感。由于许多材料具有一定的通透性，所以它们在室内空间的应用中，可有效减弱空间的局促与压抑。与之相反，具有分量感的材料如金属、石材、木板等，这些材料相对具有厚重感和体量感，其更适宜营造庄重、沉稳的空间氛围。根据功能和空间特征的需要，将轻与重的材料合理地应用会增强空间的功能，提高空间的个性特征。

4.肌理

将肌理放在材料的心理感觉分类中，更关注的是不同肌理的表面特征所形成的心理感受。材料肌理是影响人们心理感受的重要因素。

形态表面的肌理特征会经过视觉、触觉作用于人，使人获得特定的感受。这些肌理有规则的和不规则的，有人工的和自然形成的（如天然的石材所形成的表面纹理），还有许多特效漆的人工纹理和凹凸感，也能产生丰富的表情特征。肌理表面的粗与细、滑与涩、规则与杂乱均能作用于人的心理而使人产生不同的感受。

（三）按功能分

按功能分类，室内设计中的材料有吸音、隔热、防水、防潮、防火、防污染等几种。根据室内功能需求，合理选择适当的材料，有助于优化室内功能。

（四）按照视觉特征分

在室内设计中，按照视觉特征分，材料主要分为一次性肌理和二次性肌理。一次性肌理是指材料在自然生成过程中自身结构的纹理的外在表现形式。例如，人们常见的天然石材、木材等，这些材料的肌理是天然形成的。二次性肌理是在一次性肌理的基础上人为加工形成的新的肌理。现代装饰材料中，二次性肌理（人造材料）的种类非常丰富，因此对人造材料的应用也更加广泛。

二、室内设计材料选用的原则

根据室内环境的特征、功能需求、审美要求、使用对象要求、工艺特点等选择室内陈设品，能体现一定的文化内涵与装饰风格的室内空间，以满足人们对工作、休闲娱乐、居住空间的物质需求与精神需求。

（一）适合室内使用空间的功能性质

对于不同功能性质的室内空间，需要由相应类别的装饰材料来营造室内的环境氛围。例如，文教、办公空间需要宁静、严肃的气氛，娱乐场所需要欢乐、愉悦的气氛等。这些气氛的营造，与所选材料的色彩、质地、光泽、纹理等密切相关。

（二）适用于室内装饰的相应部位

不同的建筑部位，对材料的物理、化学性能乃至观感等方面的要求也不同。如室内房间的踢脚部位，需要考虑其与地面清洁工具、家具、器物等的碰撞，因此通常需要选用有一定强度、硬质且易于清洁的装饰材料。

　　现代室内设计具有动态发展的特点，且追求时尚、无污染、质地和性能更好的、更为新颖美观的材质，对于材料的选用，还应注意"精心设计、巧于用材、优材精用、一般材质新用"等原则。

三、室内设计材料质感的组合

　　营造具有特色的、艺术性强、个性化的空间环境，往往需要将若干种材料组合起来进行装饰，把材料本身具有的质地美和肌理美充分展现出来。材料质感的具体体现是室内环境各界面上相同或不同的材料组合。

（一）同一质感材料的组合

　　采用同一木材面板装饰墙面或家具，可以通过对缝、拼角、压线等手法，肌理的横直纹理设置，纹理的走向，肌理的微差，凹凸变化，来实现组合构成关系。

　　如图2-1所示，同种材料的木质，具有亲切、柔和、温暖和传统的韵味。

图 2-1　同一质感材料的组合

（二）相似质感材料的组合

相似质感的材料在室内设计中运用十分广泛，虽然它们质感相似，纹理却不同。例如，同属木质质感的桃木、梨木、柏木，因生长的地域、年轮周期的不同，具有纹理上的差异。将相似肌理的材料进行组合，在环境效果上能起到中介和过渡作用。

如图 2-2 所示，天然石材都具有粗犷的表面和多变的层状结构，通过研磨等手段处理后表面的各种天然纹理呈现出来，给人大气、硬朗的感觉。

图 2-2　相似质感材料的组合

（三）对比质感材料的组合

将几种质感差异较大的材料组合在一起，会得到不同的空间效果。将木材与人工材料组合应用，可在强烈的对比中凸显现代气息，如木地板与混凝土墙面或与金属、玻璃隔断的组合。要想体现材料的材质美，除了以材料对比组合手法来实现，还可以运用平面与立体、大与小、粗与细、横与直、藏与露等设计技巧。

如图 2-3 所示，不同材料、不同肌理的对比表现，增强了材料的感染力，更符合现代人的审美要求。

图 2-3 对比质感的组合

第四节 室内设计中的采光照明

采光照明是营造室内气氛的魔术师，它不但能使室内气氛格外温馨，还有增加空间层次、增强室内装饰艺术效果和增添生活情趣等功能。在室内空间的光环境设计中，室内采光照明设计有其独特之处。

一、采光照明的基本概念

就人的视觉来说，光是支撑人们观察世界的重要条件，人们通过光感知这个世界。在室内空间中，采光照明最初仅仅是为满足功能需要，当上升为室内设计时，光不仅要满足人们视觉功能的需要，而且是一个重要的美学因素，是塑造室内空间氛围的重要条件。有了光，人们可以感知空间；有了光，人们可以塑造空间。用光塑造物体的体积，用光塑造物体的质感，用光塑造室内的色彩氛围。冈那·伯凯利兹说："没有光就不存在空间。"光对人们的生产、生活起着重要的作用。因此，在室内空间中，采光照明将直接影响空间的质量，需要室内设计师不断探索和研究。

光是以电磁波的形式传播，能被人们的眼感知到的电磁波。光的波长范围是 380～780 nm，这些是我们视觉能看到的光。波长大于 780 nm 的光为红外线、无线电等，波长小于 380 mm 的光为紫外线、X 射线、宇宙射线等。可见光部分又可分解成红光、橙光、黄光、绿光、青光、蓝光、紫光等基本单色光。室内设计探讨的光均为可见光。人们设计不同的光源来满足不同的功能，从而营造不同的氛围。

当光投射到物体上时，会发生反射、折射等现象，人们所看到的各种物体，由于物质本身属性的不同，所以其对光线的吸收和反射能力也不同。实际上我们看到的物体颜色是受光体反射回来的光线，并刺激视神经而引起的感觉。例如，物体的红色，是吸收了光源中的一些单色光，反射出红色光产生的。不同的光对人产生的视觉效应也不相同。不同的视觉效应，会给人们的设计带来不一样的效果。

（一）照度

被光照的某一面上其单位面积内所接受的光通量称为照度，表示单位为勒克斯（lux），即 1 lux=1 lm/m^2。被光均匀照射的物体，在 1 平方米面积上所得的光通量是 1 流明（lm）时，它的照度是 1 勒克斯。照度是以垂直面所接受的光通量为标准，若倾斜照射则照度下降。对同一个光源来说，光源离光照面越远，光照面上的照度越小；光源离光照面越近，光照面上的照度越大。在光源与光照面距离一定的条件下，垂直照射的照度比斜射大。光线越倾斜，照度越小。

人们通常所说的亮度是人对光的强度的感受，是一个主观感受的量。在室内空间中，应根据其功能要求确定照度。

（二）光色

色温是决定光色的因素，是表示光源光色的尺度，单位为 K（开尔文）。在室内设计中，对光的色温控制会影响室内的气氛。色温低，人感觉温暖；色温高，人感觉凉爽。一般色温小于 3 300 K 的为暖色，色温在 3 300～5 300 K 的为中间色，色温大于 5 300 K 的为冷色。也可以通过色温与照度的改变，营造不同的室内气氛。例如，在低色温、高照度下，会形成热烈的氛围；而在高色温、低照度下，则会形成神秘幽暗的氛围。

室内空间的光照效果不是光源的单一因素，而是光与环境、物体的彼此关系中产生的视觉效果，因此对色温的控制要考虑对物体色彩的影响。恰当的光色可提高色彩的鲜艳度，而不当的光色会使原有的色彩混浊。在室内设计中，如果对光色的把握欠妥，那么即使材质的色彩和肌理设计得很好，也会影响整体色彩的感觉。人们利用光色改善材质的效果，突出材质的美感。例如，红色的墙面在弱光下显得灰暗，而弱光可使蓝色和绿色更突出。室内设计师应了解和掌握这些知识，利用不同光色，针对不同的材质特性，营造出所希望的室内效果。

人工光源的光色，一般以显色指数（Ra）表示，Ra 最大值为 100，80 以上显色性优良，79～50 显色性一般，50 以下显色性差。

（三）亮度

亮度与照度的概念不同，亮度是视觉主观的判断和感受，它是由被照面的单位面积所反射出来的光通量，也称发光度，因此也与被照面的反射率有关。例如，在同样的照度下，白墙看起来比黑墙要亮。许多因素会影响亮度的评价，如照度、表面特性、视觉、注视的持续时间甚至人眼的特性等。

在室内设计中，不同的材质，其亮度也不同。材质的肌理、色彩等都会影响亮度，根据室内功能的需要，选用材质要考虑材质表面的反射率。如今，在室内设计中，更多采用灰色、深灰色作为环境色（背景色），在同样的照度下，往往更能突出主体。

（四）眩光

眩光是指视野中由于不适宜亮度分布，或在空间或时间上存在极端的亮度对比，以致引起视觉不舒适和降低物体可见度的视觉条件。眩光与光源的亮度、位置及人的视觉有关。

眩光包括直接眩光、反射眩光、对比眩光。由强光直射人眼而引起的直射眩光，应采取遮光的办法解决。避免眩光的方法是降低光源的亮度、移动光源位置和隐蔽光源。当光源位于眩光区之外即在视平线 45° 之外，眩光就不严重。例如，很多室内空间的吊顶造型会设计很多灯槽，一方面是为了美观，另一方面是为了有效避免炫光，因为可以将光源隐藏于灯槽内。

反射眩光应特别注意，在灯光周围的材质的反射值越大，眩光越强。反射光的形成与光源位置、反射界面及人的视点有关，可通过调整灯光的角度、位置、照度等，减弱反射眩光，也可根据需要调整界面材质或角度。

在空间转换过程中，亮度分配不均和控制失当会产生对比眩光。例如，人们从黑暗的环境中突然进入明亮的空间，就会产生这种视觉不适。要避免这类情况，就要控制好光的空间过渡，使亮度比合理。

亮度比是指同时或相继观看视野中两个表面上的亮度之比。灯具布置的方式及照度的合理设计，能够将环境亮度与局部亮度之比控制在适当范围内。亮度比过小，难以产生视觉的凝聚力，显得单调平淡；亮度比过大，容易产生视觉疲劳。

一般情况下，空间功能与空间氛围决定亮度比。不同的功能需求需要相应的亮度比。如博物馆内的展品照明与环境的亮度比较大，这样更吸引人的视线去关注展示内容。

亮度比的控制主要是对局部照明的照度与周围环境的对比度的控制。一般照明与局部照明相结合能有效改变视觉的不适，要根据需要调整好局部与整体照度的比值。通常情况下将90%左右的光用于工作照明，10%左右的光用于环境照明，就能达到相对舒适的合理值。

空间内各个区域都有各自的相互关系，各界面均有符合人视觉舒适的亮度比。室内各界面主要由顶、地、墙构成。根据功能需求，将各界面的亮度比保持适度的关系，即可调整好室内空间的亮度比。

顶棚大多数情况下是作为照明的工作界面，顶棚与其他界面亮度比的比值大小，会产生不同的空间效果。

空间内不同区域的亮度比量大允许亮度比如下：

第一，视力作业与附近工作面之比为3：1。

第二，视力作业与周围环境之比为10：1。

第三，光源与背景之比为20：1。

第四，视野范围内最大亮度比为40：1。

二、室内照明灯具的种类及布置

（一）灯具的种类

一般情况下，多根据灯具的光通量在空间上下两部分的比例，照明灯具的结构点、用途和固定方式等来划分照明灯具。现代室内设计中，灯具的作用已不再局限于满足照明需求了，它同时也具备装饰、美观的作用。因而，现在的室内照明设计对灯具的选择十分重视。

1.吊灯

顾名思义，吊灯是悬挂在室内天花上的照明灯具，用作大面积范围的照明。吊灯的安装需要有足够的空间高度，吊灯悬挂距地面最低 2.1 m，长杆吊灯更适用于举架较高的公共场所。吊灯的造型、大小、质地、色彩等对室内设计整体氛围的影响较大，因此在选择时，需要注意它与其他物品的协调性。一般情况下，吊灯往往是空间的主要照明灯，即主灯。吊灯分为单头吊灯和多头吊灯两种，单头吊灯多用于厨房、餐厅，多头吊灯更适用于客厅。

2.吸顶灯

吸顶灯指把灯直接固定在天花上的固定式灯具，其形式很多。吸顶灯主要有两种：以白炽灯为光源的和以荧光灯为光源的。以白炽灯为光源的吸顶灯，灯罩常用玻璃、塑料、金属等不同材质制作成不同的形状，一般有圆球吸顶灯、半圆球吸顶灯、半扁球形吸顶灯、方罩吸顶灯等。以荧光灯为光源的吸顶灯，灯罩大多采用有晶体花纹的有机玻璃，外形多为长方形。吸顶灯具体有向下投射灯、散射灯与一般照明灯具几种，且多用于办公室、会议室、走廊、卫生间与阳台等空间。

3.嵌入式灯

嵌入式灯泛指嵌入天花内部的隐藏式灯具，又称筒灯，灯口往往与天花板平齐，用于主要照明，方向性好，灯具简洁便于安装，常用于公共场所。随着现代技术的发展，嵌入式灯已不仅限于筒灯，逐渐发展出嵌入式线形灯。嵌入式灯分聚光型与散光型两种，一般都是向下投射的直接光源。聚光型嵌入式灯一般用于要求局部照明的场所，如金银饰品店、商品货架等。散光型嵌入式灯用于局部照明外的辅助照明，如宾馆走廊、咖啡馆走廊等。

4.壁灯

壁灯指装设在墙壁上的灯具，是一种最常见的装饰照明方式。壁灯可以分为直接照明、间接照明与均匀照明等多种形式。壁灯的光线比较柔和，灯泡功率多为 15～40 W，且造型丰富、精巧、别致，故常用于大门、门厅、卧室、浴室、走廊及公共建筑的墙壁上。壁灯的安装位置不宜过高，应略高于视平线，高为 1.6～1.8 m，同一平面上的壁灯应在同一高度。在大多数情况下，壁灯与其他灯具搭配使用。

5.移动式灯具

移动式灯具指可以根据室内空间环境的需求自由放置的灯具，主要包括放置在书房、床头柜、茶几等位置的台灯和放置在地上的立灯两种。移动式灯具用于局部照明，同时也是美化室内环境的装饰品。其中，台灯按功能可以分为装饰台灯、护眼台灯、工作台灯等，并有陶瓷、木材、金属、塑料等材质。若按光源分类，台灯又有灯泡台灯、插拔灯管台灯、灯珠台灯等。立灯又称为落地灯，常摆在沙发及茶几附近，它不仅能够照明，还能营造角落空间的气氛。

6.轨道灯

轨道灯指轨道与灯具的组合，在同一根轨道上可以吸顶式、嵌入式、悬挂式等安装方式安装许多灯具。灯具可以沿着其轨道移动，改变光源投射的角度，多用于局部照明。轨道灯的特点是可以通过集中投光增强某些需要特别强调的物体的照明，多用于商店、展览馆、舞台等的照明设计。轨道灯的轨道可固定或悬挂在天花上，必要时可以布置成"十"字形与"口"字形，这样能进一步扩大灯具的移动范围。

7.射灯

射灯的种类丰富，主要有吊杆式、嵌入式、吸顶式、轨道式与铁夹式。射灯的运用范围广，灯的照射角度可以任意调节，多用于室内空间中需要特别注意的局部物体的照明。其中，天花射灯占地面积小、款式多样，广泛运用于重点照明及局部照明。合理调配射灯的照度和光影效果，可以符合各类空间的照明要求。吸顶式射灯的安装更为灵活，灯杆的长度可以根据需要选择，灯头可以多角度旋转，因而可以满足不同空间部位的重点照明。

8.日光灯

日光灯又称荧光灯，属于低气压弧光放电光源。日光灯最大的特点是光效高、节能、散射、无影、寿命长，虽然其装饰效果较差，但也是使用较广泛的一种照明灯具。

9.格栅灯

格栅灯根据安装方式的不同可以分为嵌入式格栅灯和吸顶式格栅灯,其中格栅是其主要特征,它能有效抑制眩光给人带来的不适,使空间更为明亮。常见的格栅灯有镜面铝格栅灯、有机板格栅灯,它们具有防腐性能好、不易褪色、透光性好、光线均匀、节能环保、防火性能好等特点。

10.光纤灯

光纤灯以特殊高分子化合物作为芯材,以高强度透明阻燃工程塑料为外皮,可以保证在相当长的时间内不会发生断裂、变形等质量问题,寿命至少10年。由于采用了高纯度芯材,光纤灯可以有效降低光线传输中的衰减,实现光线的高效传输,因而具有高纯度、低衰减、安装方便的特点。光纤灯还具有导光性好、省电、耐用、无污染、可弯曲、可变色、适应范围广、节能环保、安全可靠、色彩丰富等特点。此外,光纤灯可以创造出如梦如幻的流星雨、星空顶、光纤垂帘等视觉效果。

11.LED 灯

LED(light-emitting diode,发光二极管),是能够将电能转化为可见光的半导体器件,它可以直接把电转化为光。LED 灯有诸多特点:它高效节能,白色 LED 灯的能耗仅为白炽灯的 1/10、节能灯的 1/4;它的照明寿命可以达到 10 万小时以上;可以承受高速状态,即频繁地启动或关闭,不易损坏。LED 灯依靠纯直流电工作,消除了传统光源频闪引起的视觉疲劳。由于 LED 灯的构造不含汞、铅等有害污染物质,对环境没有污染,也易于回收再利用。

(二)灯具的布置

灯具布置的位置直接影响整个室内空间的照明质量。光的投射方向、工作面的照度、照明的均匀性、直射与反射、视野内其他表面的亮度分布及工作面上的阴影等,都与灯具的布置有着密切的关系。另外,灯具的布置是否合理且符合规范,也影响后期的维修与安全。

灯具的布置方式有均匀性布置与选择性布置两种。均匀性布置主要指灯具之间的距离与行间距离均应保持一定。选择性布置指按照最有利的光通量方向、阴影、灯具之间的搭配等条件来确定每个灯的位置。一般情况下,设计师会采取方形、矩形、菱形等较为规则的形式,或者根据室内空间的需求采取异形的方式来布置灯具。在考虑灯具满足室内照明功能和美观装饰作用的同时，设计师还要注意灯具安装的规范和安全性，其线路、开关等的设置都要充分考量，避免超载、短路等危险，并在危险处设置标识等。

三、室内的采光方式

不同室内空间的使用功能不同，对采光方式的要求也不同。设计师可对空间的功能性质进行定位，对空间的功能分区和具体使用要求进行分析，然后根据需要照度的不同，来选择不同的采光方式。

不同的灯光可以营造出不同的氛围。即使是台灯经过精心布置，它所产生的投影效果和情调也会有很多变化。轻薄透明的纸质灯罩透出的光线射向四周，显得柔和；而那些不太透光的灯罩会将光线向下聚拢，产生各种不同的效果。

（一）自然采光

太阳光是取之不尽的，太阳光无时无刻不在改变之中，并将不断变化的天空色彩、光层等传送到它所照亮的表面和形体上去。白天太阳光作为室内采光，通过窗户进入房间，投落在房间的地面上，由此产生的光影图案变化使空间更加活跃。光和影，对于家居装饰有润色作用，可以使室内充盈艺术韵味和生活情趣。

如图 2-4 所示，利用自然光照明，既节约人工照明用电，又保护环境。

图 2-4　自然采光

（二）基础照明

一般照明是通过若干灯具在顶面均匀布置实现的，而且在同一视场内采用的灯具种类较少。均匀的排布和同一光线，可以为空间提供全面的、基本的照明，重点在于能与重点照明的亮度有所区别，给室内形成一种格调。基础照明是基本的照明方式。基础照明方式均匀的照明度使空间显得稳重、平静，尤其对于形式规整的空间来说，更具有扩大空间的效果。

如图 2-5 所示，通过筒灯把整个餐厅照亮，会在餐厅内形成一种格调，灯具的排布也有一种自然、安定之美。在餐厅灯光控制上，根据时段或工作需要确定开启数量，有利于降低能耗。

图 2-5　基础照明

（三）重点照明

重点照明强化突出的光线。重点照明采用精心布置的较为集中的光束照射某件艺术品、盆景或某些建筑细部结构，主要目的是取得一定的艺术效果。重点照明的设计常常使观赏者觉得光线是不太亮的光源提供的，如蜡烛或墙上的吊灯。嵌入式可调节照明装置、跟踪照明设备或可移动照明装置都可以提供重点照明的光线。

如图 2-6 所示，对主要对象进行重点投光，目的在于增强顾客的注意力，加强装饰品表面的光泽，强调装饰品的位置。

图 2-6　重点照明

（四）装饰照明

为了对室内进行装饰，增加空间层次，营造环境气氛，常使用装饰照明。一般使用装饰吊灯、壁灯、挂灯等图案、形式统一的系列灯具，以表现具有强烈个性的空间艺术。值得注意的是，装饰照明只是以装饰为目的的独立照明，不兼做基本照明或重点照明。

如图 2-7 所示，墙角处地灯不仅具有照明的作用，还可以调节院落的气氛，具有一种灵动之美。

图 2-7 装饰照明

四、照明设计的基本原则

光是表达空间形态、营造环境气氛的基本元素，室内照明设计是室内装饰设计中的重要部分。室内照明有助于增加空间的层次和深度，丰富空间，利用光与影的变化使静止的空间生动起来，创造出美的意境。

（一）实用性

室内照明设计首先应该满足该空间的使用要求，这是第一位的。此外，还应根据室内活动的特征整体考虑光源、光质特征、投射方向和角度，使室内的使用性质、活动特征、空间造型、色彩陈设等统一、协调，以取得较好的整体环境效果。

（二）舒适性

室内照明设计要以良好的照明质量给人们带来心理和生理上的舒适感。在进行室内照明设计时，要保证室内有合适的照度，以利于室内活动的开展。此外，要以和谐、稳定、柔和的光质给人以轻松感，创造出生动的室内情调和气氛，使人得到心理上的愉悦。

（三）安全性

室内照明设计在满足实用与舒适要求的同时应保证安全性，防止发生漏电、短路、火灾等意外事件的发生。此外，电路和配电方式的选择及插座、开关的位置等，都应符合用电的安全标准。

五、照明与空间的完美结合

室内设计照明对室内空间的调整与完善有极其重要的作用，照明能塑造具有审美趣味的环境氛围，满足人们的心理需求。

（一）以照明组织增强空间的功能感

在进行室内设计时，要根据使用要求及审美要求，对空间的功能、性质进行区别定位，并采取相应的空间措施。不同效果的照明可以对不同的空间起到不同的作用。

如图 2-8 所示，合理的灯具的布置形成了空间的序列感，具有一定的导向作用，有利于增强空间的功能感。

图 2-8　以照明组织增强空间的功能感

（二）利用光效果体现空间形态

在空间组织中，经常会用到一些特殊的手法，使空间具备一定的形态特征。合理的照明设计是室内空间形态的必要补充。

如图 2-9 所示，空间的照明设计以整体空间的功能需求为依据，具有独特的形态特征。

图 2-9　利用光效果体现空间形态

（三）利用灯光改善空间

室内空间若存在面积过小、空间比例异常、建筑构件体量过大、建筑构件位置影响视觉效果等问题，则可以采取各种装饰处理手段，灯光是有效手段之一。在室内空间的形式、构架状况，室内物体的形状、尺度、表面材质属性等确定的情况下，光源的位置、照度的设置、光线的强度等要素的不同组合和搭配，会使空间产生不同的观感效果。利用这一特点，可以很好地改善室内空间。

如图 2-10 所示，顶棚的明亮形成空间的上升感，当这种空间跨度较大时，照明设计可采用提高顶棚照明度的方法。

图 2-10　利用灯光改善空间

第三章　现代室内设计的风格流派

第一节　田园风格

随着现代生活节奏的加快，人们更加渴望回归自然，田园风格由此而生。田园风格由欧洲传入中国沿海地区，后由中国沿海地区传播到内陆地区。近几十年，田园风格在我国广受欢迎。

笔者认为，田园风格是指运用带有田园艺术和浓郁的乡村生活气息的元素为表现手段，以"回归自然，不精雕细琢"为主题，更加深刻而不拘泥于某种特定的表现形式，并且能够体现人与自然环境和谐的联系，表现出悠闲舒适的生活方式的室内装修风格。

"田园风格"这一词汇起源于哪里？它最初出现于20世纪中期，但是如果追溯其起源的话，我们不得不从其包含的领域开始谈起。田园风格包含的领域非常广泛，并不单单在室内装修这一领域，在其他领域也有着不容忽视的地位。在文学领域，早在我国唐朝时期，就有山水田园诗派，作品以描写山水田园为主，著名诗人陶渊明、王维、孟浩然等都是其代表人物。

而在室内设计领域，田园风格的产生和形成与人们的生活方式和所处的时代息息相关。不论哪个国家都有乡村，田园风格在很早就已经出现了。不同民族、不同国家的生活习惯和风俗文化不同，田园风格的差异也非常大。

一、中式田园风格

中华文化博大精深、源远流长，中式风格自成一体，中式田园风格为中式建筑风格的一部分。正因为如此，中式田园与其他田园风格有着明显的区别。中式田园风格以丰收为基调，糅合了大量中式装饰元素。

首先，在整体空间上，中式田园风格非常讲究层次上的韵律和节奏，把空间根据需要划分成不同的功能区域，以方便使用和起居。在空间的划分上，往往采用屏风、博古架、隔窗等中式特有的家具，或者利用天花造型来分割区域。

其次，装修采用的家具偏向于新中式风格，没有雕刻繁复的龙、凤、牡丹纹样等宫廷花纹，相对来说更为朴素、简洁、大气，体现了对雅致生活的全新追求。

最后，在材质的选用上，以木质、瓷器、青砖、丝绸等具有代表性的材质为主，并对这些材质进行一定的处理。比如一些木质的中式田园风格的家具，会进行洗白处理，以呈现优雅的黄色或白色，给室内增添一种古典、自然的隽永感。

二、英式田园风格

英式田园风格是田园风格中的重要分支，也是田园风格的典型代表。英式田园和所有的田园风格一样，倡导回归自然，享受大自然的生活情趣。英国中产阶级在有着富足收入的情况下，有资本按照自己的喜好来选择和装饰自己的生活环境，去追求那种朴实又不失高雅的生活氛围。因此，英式田园风格也具有稳重、务实的特点。

英式田园风格的家具一般纯手工雕刻，采用松木、桦木等木料，以奶白、象牙白为主色调，较少选用原木色。每一件英式田园风格的家具都带有低调、内敛且雅致的独特韵味。

英式田园风格也体现在布艺设计上。碎花、条纹和格子是主要的布艺图案，不同的配色和不同的排列方式能带给人不一样的感受。

三、美式乡村风格

美式乡村风格带有浓浓的乡村田园风味，不论是厚重敦实的家具，还是回归自然色的棉麻布料，都给人一种舒适感。享受，可以说是美式乡村风格的中心思想。

美式乡村风格摒弃了华丽和烦琐，融合了各个地域的不同建筑风格，最终形成了自己的特点——怀旧、自由、闲适。同样是以松木为家具的主要材料，与英式田园风格的家具不同的是，美式乡村风格的家具很少有雕刻的花纹，一般刷单一颜色的漆，也有部分露出原始纹理，具有一种粗犷感。

四、法式田园风格

法式田园风格不同于美式乡村风格的粗犷，也不同于英式田园风格的沉稳，它具有清新、浪漫的特点。这与它的颜色选用是密不可分的。法式田园风格大多选用浅色系，如肉粉色、月白色、青灰色等，有时也会选用一些较为大胆、艳丽的颜色。法式田园风格注重细节，很多家具非常精致，具有独特的美感。

五、南亚田园风格

粗犷是南亚田园风格的一大特点，与美式田园风格的粗犷不同的是，它易于被人接受。南亚田园风格的家具以棕褐色为主，在装修设计上会运用土黄、桃红、墨绿等较为浓重的颜色。南亚田园风格的家具常用柚木材质，光亮感强。南亚田园风格多使用色彩丰富的布料，这些布料虽有着抽象的自然图案和烦琐的横竖线条，但并不显杂乱，反而与其器物十分协调。

第二节 简约风格

近些年，简约风格的设计是现代城市室内设计的主要趋势。本节通过对室内设计简约风格进行分析，探索现代室内空间格局规划发展的新趋势，探索我国现代室内装饰的新趋势。

一、室内简约风格的基本特征

简约的室内设计风格是现代室内设计追求的一种新型设计形式，这里我们结合现代室内设计的基本部分，对简约的室内设计风格的基本特征进行分析。

（一）搭配简洁

基于简约的室内设计的实例，不难发现，简约室内设计的搭配，更加注重实用性，同时又融合布艺等室内设计元素，使现代室内设计空间规划的结构划分更加明显。

（二）原始性的保留

在简约的室内设计中，不论是墙体装饰部分还是家具摆设，都坚持保留其原始的设计效果，颜色上主要以白色、米色等浅色系为主，从而实现家具设计视觉与实际的同步发展。

二、室内简约风格的应用

（一）卧室设计

在室内设计中，卧室设计是主要部分。卧室设计主要追求私密性和舒适性，能够帮助人们缓解疲劳，为人们提供良好的生活感受。在颜色搭配上，应以米色、白色以及暗色调为主，在室内营造舒适、放松的视觉效果。另外，卧室的空间结构也应与灯饰、家具等元素相协调，增添卧室的空间感。

（二）客厅设计

客厅是室内布局中空间最大的部分。客厅一般位于房屋的中间部分，在进行室内设计时应充分利用其地理位置特点，突出客厅设计的主体部分。客厅空间大，摆放物品种类较多，为了避免视觉上的混乱感，必须进行合理的规划。可以采用绿色植物作为简约室内设计的构成元素，增添室内空间的生机。

（三）餐厅设计

餐厅设计应满足家庭成员日常饮食的就餐需求，与厨房的设计风格及客厅的设计风格相统一。设计师应注意餐厅空间的结构、颜色的运用、餐桌形状的选择，对设计元素进行整合，从而凸显现代室内设计的整体空间感。

（四）书房设计

书房设计是简约的室内设计风格的重要组成部分。要根据书房的基本结构，进行合理的空间规划，突出清新、自然的设计风格，体现现代室内设计简单、自由、放松的理念。

第三节　中式风格与新中式风格

随着我国建筑技术的不断发展，以及我国传统文化理念的应用，中式风格、新中式风格已经成为当前室内设计的主要风格。在我国室内设计实践中，中式风格、新中式风格得到了广泛采用。因此，本节对中式风格、新中式风格进行研究。

一、中式风格概述

（一）中式风格的概念

中式风格是一种以宫廷建筑为代表的中国古典建筑的室内装饰设计艺术风格，造型讲究对称，色彩讲究对比，装饰材料以木材为主，图案多龙、凤、龟、狮等，具有华贵大气、瑰丽奇巧的特点。中式风格的装修造价较高，且缺乏现代气息，只能在家居中点缀使用。

（二）中式风格的主要特征

1.文化特征

中国文化已经融入生活与艺术体系中，因此在室内设计中，中国传统文化特征有着较多的表现。在实践中，这些文化特征主要表现在以下几点：

（1）传统吉祥文化

在我国历史文化图腾中，龙凤等吉祥意义的文化特征极为明显。在室内设计中，对吉祥图案的采用很常见，这也是吉祥文化特征的一种体现，如老年人卧室中的寿桃等图案的采用。

（2）地方特色文化

我国的地方文化特征较为明显，而这些文化特征构成了整体的中国传统文化。因此，在各地室内设计中，地方文化特征较为明显。例如，在北京地区的室内装饰中，设计者就经常采用明黄色等色彩。

（3）经典传统文化

在我国文化传承中，古典传统文化是其重要的内容，也是文化的主要表现形式。因此，在室内设计中，引用传统经典文化，也是当前室内设计中中式风格的一种展现。

2.形式特征

在室内设计中，中式风格的形式特征主要表现在以下两方面：

（1）建筑形式的借鉴

在中式室内设计中，对于传统建筑形式的借鉴是较为常见的。如在室内设计中，借鉴传统的影壁形式，设计出室内影壁屏风。但是需要注意的是这种对传统建筑形式的借鉴，并不是一成不变地照搬，需要及时调整、创新。

（2）布局形式的借鉴

在我国传统建筑中，对于建筑布局有着较为严格的要求，如对称布局。因此，在中式室内设计中，对布局形式的借鉴也是中式风格设计的常见做法。

3.装饰特征

在中国传统建筑设计中，室内装饰具有较为明显的特征。因此，在中式室内装饰设计中，装饰特征也是需要设计者重点关注的内容。

（1）中式艺术品的选用

在室内设计中，室内装饰品的选择是重要内容。因此，在中式室内装饰中应采用具有中式文化特征的艺术品，如在墙面装饰中，采用中国水墨字画进行装饰。

（2）传统艺术元素的应用

在室内装饰过程中，设计者可以利用传统艺术元素进行室内装饰。这也是中式室内装饰风格的一种表现形式，如在室内装饰中利用回字纹等。

4.色彩特征

在我国的传统艺术风格中，利用各类纯色（如纯红、黄、蓝等）用于艺术装饰的情况较为常见。因此，在中式室内装饰中，纯色装饰风格得到了广泛采用。

　　另外，在中国传统文化中，部分色彩具有一定的文化属性，如黄色、紫色为皇家专用色彩，红色为喜庆色彩等。因此，在中式风格室内设计中，设计者应根据使用者特点选择室内色彩。

二、新中式风格概述

　　新中式风格诞生于中国传统文化复兴的新时期，随着国力增强，民族意识逐渐复苏，人们开始从纷乱的"摹仿"和"拷贝"中整理出头绪。在探寻中国设计界的本土意识之初，逐渐成熟的新一代设计队伍和消费市场孕育出含蓄秀美的新中式风格。在中国文化风靡全球的现今时代，中式元素与现代材质的巧妙兼柔，明清家具、窗棂、布艺床品相互辉映，再现了移步变景的精妙小品。

（一）新中式风格的概念

　　新中式风格，是由中式风格慢慢演变而来的。新中式风格是中式元素与现代材质的巧妙兼柔的布局风格，它同时明清家具、窗棂、布艺床品相互辉映，经典地再现了移步变景的精妙小品。新中式风格还继承明清时期家居理念的精华，将其中的经典元素提炼并加以丰富，同时改变原有空间布局中等级、尊卑等封建思想，给传统家居文化注入了新的气息。

（二）新中式风格的基本内容

　　新中式风格主要包括两方面的基本内容：一是中国传统风格文化意义在当前时代背景下的演绎；二是对中国当代文化充分理解基础上的当代设计。新中式风格不是纯粹的传统元素堆砌，而是通过对传统文化的认识，将现代元素和传统元素结合在一起，以现代人的审美需求来打造富有传统韵味的事物，让传统艺术在当今社会得到合适的体现。

三、中式风格与新中式风格的关系

对于新中式风格，很多人或许有所疑惑，因为新中式风格是近年才在中国兴起的新型装饰风格。所谓新中式风格就是通过提取传统家居的精华元素和生活符号进行合理的搭配、布局，在整体的家居设计中既体现中式家居的传统韵味又具有现代家居的特点，将古典与现代完美结合，让传统与时尚并存。

简单地说，新中式风格就是在中式风格的基础上添加了一些现代元素。作为现代风格与中式风格的结合，新中式风格更符合当代年轻人的审美观点。

第四节　地中海风格

文艺复兴前的西欧，家具艺术经过浩劫与长时期的萧条后，在 9 至 11 世纪又重新兴起，并形成独特的风格——地中海式风格。地中海风格的过人之处，在于它表现的是全方位的生活之美，具有自由奔放、色彩多样明亮的特点。。地中海风格的家具以极具亲和力、田园风情及柔和色调、大气的组合搭配等特点，很快就被地中海以外的人接受。

希腊雅典是人类文明的重要发祥地，有着数不尽的文化艺术，其建筑更是雄伟壮观。如果在雅典四周仔细观察，便可发现百姓的生活既俭朴又自然。一间间白色墙面、灰色尖顶的房屋，五颜六色的窗户上布满了种类繁多的各式鲜花，人们再将沙发和座椅摆在花草之间，将餐桌摆在能够享受到阳光和海风的庭院中，好一幅回归自然的景色，好一派地中海式的风光。

希腊的历史虽经由古希腊、罗马帝国等不同时期的变革，遗留下了多种民族文化的痕迹，但追求古朴自然似乎成为了希腊这块土地不变的基石，材料的选择、纹饰的描绘以及构成方式的模式，都呈现出对自然属性的敬仰，从而造就了希腊地中海风格的诞生，也促进了地中海风格的诞生。

在打造地中海风格的家居时，配色很重要，要给人一种阳光而自然的感觉，主要的颜色来源是白色、蓝色、黄色、绿色以及土黄色和红褐色，这些都是来自大自然的最纯朴的元素。

在造型方面，地中海风格一般选择流畅的线条，圆弧形就是很好的选择，如一个圆弧形的拱门、一个流线型的门窗等，都是地中海家装中的重要元素。此外，地中海风格要求自然清新的效果，墙壁不需要精心粉刷，让它自然地呈现一些凹凸和粗糙之感；电视背景墙无须精心装饰，一片马赛克墙砖的镶嵌就很好。

在为地中海风格的家居挑选家具时，最好是用一些比较低矮的家具，这样可以让视线更加开阔。同时，家具的线条以柔和为主，可以选用一些圆形或是椭圆形的木质家具，与整个环境浑然一体。而窗帘、沙发套等布艺品可以选择粗棉布材质，让整个家显得古味十足。布艺的图案应较为素雅，这样能凸显蓝白两色所营造出的和谐氛围。

绿色的盆栽是地中海不可或缺的一大元素，一些小巧可爱的盆栽既可以起到点缀装饰的作用，又可以净化空气，让身处其中的人备感舒适。在一些角落里，我们也可以放置一两盆吊兰，制造更多的绿意。

在地中海的家居中，装饰是必不可少的一个元素，装饰品最好以自然的元素为主，比如一个实用的藤桌、藤椅，或者是一些红瓦。这些小小的物件带着岁月的记忆，有一种独特的风味。

一、地中海风格的设计要点

（一）纯美色彩

地中海风格对中国城市家居的最大魅力来自其色彩组合：西班牙蔚蓝色的海岸与白色沙滩，希腊在碧海蓝天下的白色村庄，南意大利的金黄色向日葵花田，法国南部蓝紫色的薰衣草，北非沙漠及岩石的红褐、土黄的浓厚色彩组合。由于光照足，所有颜色的饱和度很高，绚丽多姿。

（二）拱形

地中海风格的建筑特色是拱门与半拱门、马蹄状的门窗。建筑中的圆形拱门及回廊通常采用数个连接或以垂直交接的方式，使人在走动观赏中，仿佛有透视感一般。

二、地中海风格分类

地中海风格分为希腊地中海风格、西班牙地中海风格、南意大利地中海风格、法国地中海风格、北非地中海风格。

（一）希腊

希腊地中海风格的家居，以纯美的色彩、流畅的线条、自然的取材、明显的民族性深受人们喜欢。仿古地砖是朴实的大地色，些微的暖调赋予人踏实，安慰精神需求。而纯天然基材的小麦黄色的硅藻泥墙面，深深浅浅的凹凸肌理间仿佛吐纳着谷物朴素的香气。大面积的蓝与白，清澈无瑕，诠释着人们对蓝天白云，碧海银沙的无尽渴望。带有迷藏感的空间格局，提供给居者不同的心理感受。

（二）西班牙

基督教文化和穆斯林文化相互渗透、融合，形成了多元、神秘、奇异的西班牙文化。同其他的风格流派一样，西班牙地中海风格有它独特的美学特点。在选色上，它一般选择自然的柔和色彩，在组合设计上注意空间搭配，充分利用每一寸空间，且不显局促、不失大气，解放了开放式自由空间；集装饰与应用于一体，在柜门等组合搭配上避免琐碎，显得大方、自然，让人时时感受到地中海风格家具散发出的古老尊贵的田园气息和文化品位；其特有的罗马柱般的装饰线简洁明快，流露出古老的文明气息。

（三）南意大利

地中海的沿岸国家——意大利的家居风格推崇地中海一贯的休闲享受，但与地中海蓝白清凉的风格不同的是，意大利的房子设计更钟情阳光的味道。阳光的午后和朋友们在自家的花园里饮茶，是多么写意的时光，可以舒服地感受来自意大利的慵懒。跟其他地中海风格一样，它的最大魅力，恐怕来自其纯美的色彩的组合，南意大利的向日葵花田流淌在阳光下的金黄，具有一种别有情调的色彩组合，十分具有自然的美感，马赛克镶嵌、拼贴、铁艺的装饰又带有细致华丽的美妙。

（四）北非

北非终年少雨、艳阳高照，灰岩的盛产，蓝天碧海，手工艺术的盛行，这些地域特色深深地影响着北非地中海风格的形成，使地中海风格建筑出现了多种多样的形式。但无论形式如何变化纷呈，地中海岸的阳光、风使之拥有相同的建筑语言和符号元素。在北非地中海城市中，随处可见沙漠及岩石的红褐和土黄，也可见青藤缠绕，开放式的草地、精修的乔灌，抑或是地上、墙上、木栏，在地中海充足的光照下，简单却明亮、大胆，呈现出古代文化色彩最绚烂的一面。

（五）法国

法式风格讲究将建筑点缀在自然中，法式建筑讲究点缀在自然中，并不在乎占地面积大小，追求色彩和内在联系，让人感到有很大的活动空间。不过，有时也有意呈现建筑与周围环境的冲突。因此，法式建筑往往不求简单的协调，而是崇尚冲突之美。在设计上讲求心灵的自然回归感，给人一种扑面而来的浓郁气息。开放式的空间结构、随处可见的花卉和绿色植物、雕刻精细的家具……所有的一切从整体上营造出一种田园之气。不论是床头台灯图案中娇艳的花朵，抑或是窗前的一把微微晃动的摇椅，在任何一个角落，都能体会到主人悠然自得的生活和阳光般明媚的心情。

法式建筑还有一个特点，就是对建筑的整体方面有着严格的把握，善于在细节雕琢上下功夫。法式建筑是经典的，而不是时尚的，它们是经过数百年的历史筛选和时光打磨留存下来的。法式建筑十分推崇优雅、高贵和浪漫，法国人追求建筑的诗意、诗境，力求在气质上给人深度的感染。风格则偏于庄重大方。整个建筑多采用对称造型，屋顶上多有精致的老虎窗，且或圆或尖、造型各异。外墙多用石材或仿石材装饰，细节处理上运用了法式廊柱、雕花、线条，制作工艺考究。法式建筑呈现出浪漫典雅的风格。

三、典型色彩搭配

（一）蓝与白

蓝与白是比较典型的地中海颜色搭配，比较常见，给人清新、舒服的感觉。

（二）土黄和红褐

这是北非特有的沙漠、岩石、泥、沙等天然景观颜色，再辅以北非植物的深红、靛蓝，加上黄铜，给人一种浩瀚之感。

（三）黄、蓝紫和绿

南意大利的向日葵、南法的薰衣草花田、金黄与蓝紫的花卉和绿叶相映，形成别有情调的色彩组合，具有自然的美感。

第四章 现代室内空间概述与界面设计

第一节 室内空间的基本内容

在漫长的发展岁月中，人类不断了解自然环境，通过自己的劳动加强对环境的适应能力，并在此基础上，实现对环境的改造。这一点尤其体现在人类的居住环境。随着人类对于环境的认知越来越深刻，人类对于生活环境的要求也变得越来越高，不仅需要更大的居住空间、更多的空间功能，还需要具有一定的文化内涵和审美价值。不同时代的发展特征，对室内空间提出了不同的要求。也正是因为这样，室内设计一直发展，并一直满足人们不断变化的需求。

人类生活在大自然中，自然一方面能给人类带来舒适的居住条件，如温暖的阳光、清新的空气等；但同时也能对人类的生命造成威胁，如泥石流、沙尘暴等。为了更好地应对自然界的威胁、保护自身安全，人们特别重视室内空间设计。

一、室内空间的概念

室内空间是人们改造自然空间的成果，可以为人们提供舒适、稳定的生活环境，满足人们的基本生活需求。早期人们对于室内空间的要求是具有基本的空间功能即可，但是随着科学技术水平的不断进步，人们的生活质量逐渐提高，对于空间的需求开始向多元化发展，不仅要求室内空间能够满足人们的物质生活需求，还要求室内空间尽可能地满足人们的精神生活需求。可以说，室内空间的功能和意义将根据人们的需求变化而不断变化，人们对于室内空间的定义与理解也会随着时代的进步而不断发生变化。

对于一个具有地面、顶盖、四方界面的六面体房间来说，室内外空间的界限十分清晰，但对于室内外结合的空间来说，很难判定内外空间，需要根据实际情况进行综合考虑。例如，从人们对于空间功能的需求考虑，帐篷、站台等空间能够为人们遮风避雨，在一定程度上满足人们对室内空间的基本需求，因此可以将其判定为室内空间；而院子等空间是露天的，无法实现基本的室内空间功能，因此不能将其判定为室内空间。由此可见，空间是否带有顶盖是区分室内外空间的重要因素。

综上所述，具有地面（楼面）、顶盖、墙面是室内空间的三要素，而不具备这种条件的空间可以根据实际情况分为开敞空间和半开敞空间等。不同的空间能给人们的视觉和心理产生不同的影响，如顶盖的延伸有助于扩大室内空间感，而地面的延伸会造成与室外空间紧密联系的错觉。

室外的自然空间和室内的人工空间是不同的，室外空间和大自然直接发生关系，如天空、太阳、山水、树木、花草；室内空间主要和人工因素发生关系，如顶棚、地面、家具、灯光、陈设等。

由于室内外空间的性质不同，两者之间存在明显的差异。室外空间范围广阔，光线充足，在视觉上能够产生强烈的明暗对比，色彩鲜明，能够给人带来轻松、自由的感觉；而室内空间的范围是有限的，明显限制了人们的视线，而且顶盖和四周墙体的存在，阻碍了自然光线的进入，导致室内空间的光线较弱，明暗对比也不明显，色彩也较为灰暗。因此，人们在室内空间活动时，心情、思想等方面都会受到一定影响。

科学技术的发展为人们的生活提供了方便，同时也减少了人们外出的机会，使人们在室内空间活动的时间逐渐增加，对室内空间的要求也越来越高。由室内空间采光、照明、色彩、家具等多种因素综合形成的室内空间形象会对人的生理、精神状态产生较大的影响。室内空间往往具有人工性、局限性、隔离性、封闭性、贴近性，好比在人们周围形成了一个"蚕茧"，被人们称为人的"第二层皮肤"。

室内空间环境在给人们生活、工作带来便利的同时，也在潜移默化地改变着人们的生活方式和行为习惯。另外，随着在室内空间生活的时间变长，人们长时间不能接受自然环境中的光照和呼吸新鲜的空气，人体机能必然会受到影响，人们的健康状况不容乐观。不少人已经意识到室内空间对身体健康的影响并提出了改变方法，这主要体现在两个方面：一是鼓励人们改变自己的生活方式，从室内空间走出来，多接触自然环境；二是改变室内空间的环境，尽可能多地将自然环境因素引入室内空间，如利用自然采光、绿植花卉、自然材料等，在室内空间中营造小型生态系统，从而实现人与自然的和谐共处。

二、室内空间组合

相同的设计元素，通过不同的组织关系能够给人带来不一样的视觉感受。对于室内空间组合来说，设计师需要考虑空间的功能性需求和对环境的影响，综合分析、整体规划、内外兼顾，通过创造性思维设计功能和美感协调统一的室内空间。一个有特色的、实用的室内设计方案，不仅能使人在空间中产生极大的舒适感，而且能使人得到精神上的满足。设计师要结合各种因素进行统一规划，将自身的设计理念充分融入室内设计，实现空间组织结构合理性、经济性、艺术性的高度统一和有效结合。

随着社会的发展与人口的增长，可利用的空间相对减少，人们的空间价值观念日趋提高，如何充分、合理地利用和组织空间，就成为一个突出的问题。合理利用空间，不仅反映在对内部空间的巧妙组织上，而且体现在空间的大小、形状的变化，整体和局部之间的有机联系，功能和美学的协调和统一上。

对于室内空间组合，不同的设计师有着不同的设计理念、设计手法和设计手段，但目的都是形成具有鲜明特色的设计美感。例如，英国一个聋哑学校根据学生的特点，选择了八角形标准教室。这种形状的教室可以有效避免回声等对学生的影响，为学生创造一个舒适、安静的学习环境。为了实现空间价值最大化，教室中的课桌也随着教室的形状做出调整，选择了马蹄形课桌，在视觉上与教室的环境相协调。另外，为了方便学生学习，教室中的地面和顶棚处设置了能够增强助听器声音的感应圈，以增强空间的功能性，为学生提供人性化服务。美国建筑师阿诺·雅各布森（Arne Jacobsen）为自己设计的住宅就充分满足了自己对空间的需求。为了实现生活空间的舒适感，他选用了较大的空间作为起居室，又利用空间高度不同的变化对空旷的空间进行约束，将空间变得生动有趣。他还让整个空间尽可能直接或间接接收自然光线，以增加空间的明亮度，形成温馨、亲切的空间氛围。与私人室内生活空间不同，公共室内空间需要在视觉上营造出简单得体的环境并实现空间的充分利用。

为了满足人们正常生活和工作的需求，日常生活物品是必不可少的，这些物品数量大且种类繁多，需要有专门的储藏空间。因此，在室内空间中，储藏空间的设计不容忽视。储藏空间不仅能够提升空间的利用率，还能将种类繁多的物品储藏起来，在视觉上形成干净、简洁的空间效果，确保杂乱的物品不影响室内设计的整体美感。考虑到室内空间是有限的，室内设计需要实现储藏空间与活动空间之间的平衡，实现空间功能和人们需求的高度统一。

随着时代的发展，室内设计的作用不断被人们重视起来，越来越多的设计师将新奇的设计理念融入室内设计，利用空间的方式也呈现出多样化的特征。需要注意的是，人们在进行有形空间的利用时，还应该注重无形空间的利用。无形空间也被称为"心理空间"，它虽然没有明确的界定范围，但在人们的日常生活中普遍存在。例如，在图书馆阅览室中，在空座较多的情况下，如果一个人选择在某一处坐下，其他人几乎不会选择这个人旁边的座位。这是因为当前者坐下时，在他的周围出现了一种无形空间，这种空间是在心理层面形成的，在物理环境中并不会对其他人产生任何影响。如果有人选择在他旁边的座位坐下，会对他造成困扰，使其局促不安，而在他人从他身边的座位离开后，他会产生轻松的心情。这种心理状态是很难用语言来表达的。同理，在室内设计中，对于同样大小的空间，合理的设计布局会造成空间很大的错觉，而杂乱的空间结构则会使空间显得狭小、拥挤。这就是受到无形空间影响的结果。因此，室内设计不仅要实现空间的基本功能，而且要满足人们的心理需求，将空间功能和人们的心理需求结合起来，创造舒适的室内空间。

三、室内空间的分隔与联系

从整体来看，不同的室内空间具备不同的空间功能，而不同室内空间的组合可以满足人们各方面的空间需求。室内空间的组合，从某种意义上来讲，可以被视为根据不同使用目的，对空间在垂直和水平方向进行各种各样的分隔和联系。不同的空间之间看似分隔，但实际存在着各种各样的联系。不同的空间就是通过这种分隔与联系的关系形成了一个具有全面功能的空间整体。在早期室内设计中，人们对于空间的需求主要体现在功能需求方面，对精神需求没有太多的要求，因此室内空间的分隔以功能性为主，处理方式也比较简单，但随着人们的生活水平不断提高，空间的分隔不再是一个简单的技术问题，还需要满足人们对空间艺术的心理需求。空间的分隔方式就要从空间整体性的角度考虑，不仅需要满足空间的功能性需求，还需要保持不同空间之间的联系，增强空间的整体布局效果，形成独特的设计风格和艺术魅力。

对于室内空间来说，分隔是必要的。在具体分隔时，需要根据人们的需求确定空间的开放性和私密性、开敞性和封闭性等，在确定空间的功能、性质等因素后，再根据不同空间之间的联系，确定空间的范围。基本空间范围确定后，可以利用家具、摆件等实体对空间进行进一步划分，确定空间的明暗关系以及空间静止与流动的关系。详细的空间划分能够增强空间的层次感，形成具有全面功能、提供人性化服务、令人舒适的空间环境。

　　室内空间的设计受到建筑物的承重墙、剪力墙以及楼梯、电梯井、管道等构筑物的制约。这些构筑物都是根据整体建筑结构而确定的，属于固定不变的因素。因此，在室内设计中，应注意这些部分对于整体空间布局的影响。另外，对于帷幔、隔断等具有分隔空间作用的物品，在设计和安装过程中应该注重构造的牢固性和装饰性，在保证安全的基础上实现设计的效果。

四、室内空间的过渡

　　过渡空间是根据人们对空间的具体需求而产生的。人们的居住空间属于隐私性较强的空间，人们不希望该空间被他人观察或窥探。因此，要在进入室内空间的区域设计缓冲区，这样不仅能够在门口的公共空间和室内空间之间形成过渡空间，保证个人及家庭的安全性和私密性，还能提高空间的利用率，体现空间的利用价值。

　　除了居住空间，公共空间也会设置过渡空间，如电影院中的光线较暗，为了避免人们在进入电影院后因视觉上明暗变化过大而产生不适应的情况，电影院的入口处会增加缓冲地带，对空间的光线效果进行渐变处理。人们在进入电影院时经过这种光线逐渐减弱的空间，可慢慢适应光线的变化。除此之外，旅馆中大厅的楼梯、领导办公室之前的秘书接待室、宴会厅前设置的客人休息室等，都属于过渡空间。这种空间不仅能实现空间功能的过渡，在某种程度上还能体现服务的安全性和礼节性，给人带来舒适的空间体验。

　　虽然过渡空间的存在形式多种多样，如公共空间和私密空间之间的半公共空间和半私密空间，开敞空间和封闭空间之间的半开敞空间和半封闭空间等都属于过渡空间，但是大多数过渡空间都具有较强的目的性和规律性，都在不同的空间中扮演着转换、衔接的角色。对于过渡空间的处理可以融入多种不同的艺术处理手段，如欲扬先抑、欲明先暗，从而形成不同的空间氛围。无论是空间功能还是艺术内涵的表现，都离不开过渡空间的处理。

五、室内空间的序列

人的活动是一系列动作产生的过程，具备一定的规律，其对空间功能的需求也会随着活动内容的变化而变化。空间的序列是指不同空间之间按照人们的需求顺序进行安排。例如，在电影院中，人们在进入电影院的时候需要先了解电影内容，因此在人们进入电影院前和刚进入电影院时，应安排大量的电影广告，帮助人们快速找到自己想看的电影；在观影前需要进行一些准备活动，如买小吃、上厕所、休息等，因此需要设置相应的零食摊、洗手间、休息区等；观影后需要安全、有序地离开电影院，电影院应该有专门离开电影院的通道，并设置后门、旁门等多个出口，确保人群及时疏散。展览厅、博物馆等公共空间的序列设置也应根据人们的需求设计。总的来说，空间的序列是在充分了解人们的行为习惯的情况下，有针对性地进行空间设计的结果，能够使人拥有舒适的空间体验，这也是空间设计的艺术。

（一）空间序列的全过程

按照空间功能的不同，空间序列的全过程可以分为以下几个不同的阶段：

1.起始阶段

空间序列的起始阶段对人们第一印象的产生有着至关重要的作用，不仅要满足人们的基本需求，还要吸引人们的注意。只有这样，空间序列的其他阶段才能真正发挥应有的作用。

2.过渡阶段

一般情况下，过渡阶段属于过渡空间，在前后两个阶段之间起衔接、过渡的作用。尤其是在长序列中，过渡空间可以表现出若干不同层次和细微的变化，从而帮助人们完成生理、心理方面的过渡。另外，过渡空间直接连接着高潮阶段，对于整个序列内容的出现有着铺垫、引导、启示的作用，可以引导人们对高潮阶段的空间产生期待。

3.高潮阶段

高潮阶段是整个空间序列的重点，序列中的其他阶段都是高潮阶段的铺垫。高潮阶段将整个空间序列的精华凝聚起来，引导人们的情绪达到巅峰，使人们在心理上得到满足。

4.终结阶段

人们在高潮阶段得到心理上的充分满足后，需要一定的空间平复心情，以便快速恢复正常状态，而终结阶段就具有这样的作用。终结阶段是对高潮阶段的延伸，有利于人们对高潮阶段的内容进行回味，最终实现空间序列主题的充分展现。

（二）不同类型建筑对空间序列的要求

空间序列布局并不是一成不变的，也没有固定的模式，会随着建筑类型的变化而变化。不同类型的建筑具有不同的空间性质，对于空间序列布局也有着不同的需求。为了实现空间的功能和价值，需要根据实际环境因素和使用需求选择合适的空间序列布局。

1.序列长短

序列的长短会直接影响空间体验的节奏。序列较短，空间序列高潮阶段出现的时间会较早；序列较长，空间序列高潮阶段出现的时间会较晚。因此，要合理选择序列的长短，把握好高潮阶段出现的节奏，不能轻易处理或简单铺垫，需要利用过渡阶段强调高潮阶段的重要性、震撼力等，激发人们对高潮阶段的兴趣。

以约翰逊制蜡公司营业大厅为例，设计师弗兰克·劳埃德·赖特（Frank Lloyd Wright）在公司大门处和通廊处运用了蘑菇柱。大门处的蘑菇柱很矮，而且只有半个柱头，通廊中的蘑菇柱则是整个柱头。当人们进入前厅时，可以看到修长的、十分优美的蘑菇柱，而且蘑菇柱的高度贯穿了四层楼。修长的蘑菇柱并不是独立存在的，它与楼层融为一体。到营业大厅时，人们可以看到如同树林一般的蘑菇柱，这种壮观的场面往往使人震撼。很显然，在空间序列中，营业大厅属于高潮阶段，而前厅属于过渡阶段。人们在进入过渡阶段时已经感受到蘑菇柱的新奇，对蘑菇柱在空间中的运用产生了浓厚的兴趣，此时再看到营业大厅的壮丽景观时，自然会产生激动的心情，也能更好地体会空间的艺术价值。

对于以观赏性为主的建筑空间来说，可以适当拉长空间序列，以提高人们对高潮阶段的期待。对于讲效率、节约时间的空间来说，如客运站、火车站等，拉长空间序列的手法并不适用，因为人们在这种交通建筑中的需求十分明确，需要快速找到购票、候车、乘车、厕所等具有明确功能的空间。因此，在进行客运站、火车站等空间的序列设计时，应该充分了解人们的需求和心理状态，确保空间结构一目了然，避免人们因为找不到相应的空间而感到心理紧张或错过乘车时间。

2.序列布局类型

序列布局类型可分为对称式、不对称式、规则式、自由式等。根据不同的建筑环境和空间功能，设计师可以采用不同的序列布局类型。不同的序列布局类型产生的空间序列路线往往有一定的差异。一般情况下，空间序列路线可以分为直线式、曲线式、循环式、盘旋式、立交式等多种类型。

寺庙、宫殿等较为严肃庄重的建筑空间经常采用规则式空间布局和曲线式空间序列路线，而园林别墅等具有较强欣赏价值的建筑空间则通常采用自由式空间布局和曲线式空间序列路线。随着科学技术水平的不断提高，集合式空间不断涌现。这种建筑空间层次丰富，具有全面的空间功能，因此经常选用循环往复式空间布局和立交式空间序列路线。赖特在美国纽约古根海姆博物馆中，将盘旋式的空间序列路线与博物馆的空间布局融为一体，形成了独特的空间结构。

3.高潮阶段的设计

一般情况下，建筑空间的高潮阶段非常容易辨别，主要可以根据建筑设计的代表性、建筑特征的集中性和空间内容的复杂性来判断。高潮阶段一般处于建筑的中心位置，是人们进入建筑空间的最终目的地，是人们期望值最高的空间。在众多具有代表意义的建筑空间中，高潮阶段往往都处于空间序列的中后段，如故宫建筑群的主体太和殿。

约翰·波特曼（John Portman）设计的现代酒店的中庭，曾经以突出的建筑亮点吸引了全世界人们的注意力，并被各类建筑效仿。这种处理空间序列高潮阶段的设计手法将空间的价值和内容的精华淋漓尽致地展现出来，令人流连忘返。不同地区酒店的中庭，还可以根据本地的环境和文化背景，融入相应的文化特色，形成明确的空间风格。例如，广州白天鹅宾馆将山、水、桥、亭等富有中华民族文化内涵的设计元素融入中庭的空间设计，增添了中式情趣，给人带来了深刻的空间体验，在极大程度上满足了客人对中国风空间的心理需求。

总的来说，高潮阶段适合采用明显的表现手法将建筑的规模、标准、层次、等级等信息表达出来，将空间的价值凸显出来，并以出其不意的设计手法给人耳目一新之感。

（三）室内空间序列的设计手法

良好的室内空间序列设计，就像一篇动人的乐章。空间序列的不同阶段和写文章一样，有起、承、转、合；和乐曲一样，有主题、起伏、高潮、结束；和剧作一样，有主角、配角以及中间人物。室内空间序列是通过室内空间的连续性、整体性给人以强烈的印象、深刻的记忆，同时给人以美的享受。

一个完整的室内设计作品应该将不同的设计元素通过恰到好处的设计手法展现出来，通过设计元素的色彩、位置、比例、明暗关系等的联系，展现一个完整的空间。这对设计师的空间构图能力来说是一项巨大的挑战，设计师需要注意以下几方面：

1.空间的导向性

成功的室内设计作品，不会在空间中设置路线标识，也不会用相关的文字指引人们的行动方向，而是通过对设计细节的改变，给人们以心理暗示，从而指引人们行进的方向，即利用在无形中产生的空间方向信息潜移默化地改变人们的行动路线，使人们不自觉地按照空间的指示来行动。例如，一排排的柜台、柱子等能够引导人们沿着排列方向行进；绿植、色彩、线条等设计因素也可以成为暗示人们行进方向的设计细节；空间结构和实体的明暗关系可以增强空间的导向性。

2.视觉中心

一般情况下，可以在空间中设置具有趣味性的物体。该物体不仅能够快速吸引人们的注意力，还具有较高的艺术欣赏价值。人们进入空间后，会第一时间被该物体吸引，并对其产生浓厚的探索欲望，逐渐在好奇心的驱使下向该物体靠近。该物体就是建筑物的视觉中心，一般设置在空间的出口处、转折点或者容易迷失方向的关键点，以吸引人们的注意力，实现空间的导向功能。一般情况下，壁画、雕塑、盆景、古玩等都可以成为视觉中心。设计师也根据建筑空间的特点，将具有鲜明特点的楼梯、门、柱等作为视觉中心。

3.空间构图的对比与统一

空间序列是通过一定的空间构成手法，由若干个空间联系而成的有机统一体。处于空间序列不同阶段的空间，其功能和价值是不同的，因此在对空间设计细节的处理上，应该采用不同的方式，将空间的主次关系突显出来。需要注意的是，虽然不同的空间在范围、方向、明暗、装饰等多方面有所区别，但是不同的空间在整体上又具有明显的协调感，彼此联系、相辅相成、密不可分。这种空间的整体性体现在空间构图的对比与统一上，前一空间为后一空间做铺垫，后一空间在前一空间的基础上进行内容的升华。例如，作为高潮阶段前准备的过渡空间，可以采用欲明先暗、先收后放等手法，强调、突出高潮阶段。

六、室内空间形态和设计方法

随着人们生活水平的提高，简单的空间功能已经难以满足人们的需求，人们对于空间环境的要求逐渐向多样化方向发展。为此，设计师不断对室内设计进行探索，并在探索中逐渐掌握多种多样的设计手法，研究出各种具有鲜明特点的设计风格，使室内空间的丰富性和多样性得到开发和利用，不仅能够在空间物质功能上满足人们的某些物质需求，而且能尽可能地增加空间的艺术魅力，满足人们某些精神方面的需求。笔者认为，用多种组合方式将不同的空间组合起来，可以形成多种复杂的空间形态。

（一）室内空间形态

室内空间形态有很多，常见的室内空间形态主要有以下几种：

1.下沉式空间

室内空间可以通过局部地面下沉，产生一个界限明确、富有变化的空间，即下沉式空间，也叫地坑。在视觉效果上，下沉式空间能够带给人们一种隐蔽感、宁静感，使人们有一种被包围、被保护的感觉。下沉式空间在无形之中将一个整体空间分隔为两部分，并在心理层面减少了其他空间带来的干扰。随着地面的下沉，人们的视线向下延伸，空间感得以增加。在下沉式空间中，经常选择较矮的绿植、家具等，以加深下沉式空间的立体感。出于对使用者安全的考虑，当下沉空间与正常空间的高度差较大时，还需要安装围栏。但是，一般情况下，下沉空间与立体空间的高差不宜过大，否则会造成两层楼的感觉，难以体现下沉式空间的真正价值，也失去了设计下沉式空间的意义。

2.地台式空间

地台式空间将室内空间的局部地面向上升高，形成了明确的空间边界，不论是在视觉效果还是在空间功能上，都形成了与下沉式空间相反的效果。下沉式空间给人带来安全感、隐蔽感，而地台式空间能够通过与周围空间的对比，成为整个空间中的视觉中心。许多商店、博物馆、展览馆等展示性较强的空间都会选择地台式空间作为展示重要物品的位置，这样能够在第一时间吸引人们的目光，实现展示和宣传的作用。应用地台式空间成功案例有美国纽约诺尔新陈列室，它将具有鲜明色彩特征的家具通过紧密、严格的排列方式排列起来，并通过地台式空间将物品展现出来，形成了一幅五颜六色且耐人寻味的图案，具有较高的艺术价值。如今，也有很多家庭利用地台式空间增加储藏空间，还将高出的地台作为床来使用，增加空间的利用率。

3.凹室与外凸空间

凹室与外凸空间在室内空间中属于两种截然相反的空间形态，被广泛应用于住宅建筑中。凹室在室内空间中特点十分明显，只有一面开敞，因此可以形成安静、独立的空间。这种空间能够给人们带来安全感，减少外界对人的干扰。凹室的深浅和大小应根据环境和需求确定，如可以通过降低天棚高度的方式，增加空间的亲密感。凹室有多种用途：在居住空间中，可以将凹室作为床位，营造安静的睡眠环境；在公共空间中，可以利用凹室设置休息区域，提供良好的休息环境；在长廊式建筑空间中，可以利用凹室增加空间的立体感，避免出现单调的空间组织结构。

外凸空间与凹室是一组相对的概念，凹室的另一侧就是外凸空间。外凸空间一般应用于住宅建筑中，作为楼梯间、电梯间等使用。三面接触外部的外凸空间可以扩展人们的视野，也可以作为欣赏外界景观的空间。

4.回廊与挑台

回廊与挑台是具有独特风格的空间形态。在室内设计中，回廊与挑台的合理运用可以增加空间的层次感，丰富空间内容，增添空间情趣。

回廊适用于门厅和休息厅，可以使人们在刚进入大门时就感受到空间的壮观和宏伟。此外，将回廊与楼梯结合，还可以增加楼梯的休息空间。如今，商场等公共空间经常会采用回廊作为顾客的购物通道，不仅能增加整体的空间层次感，扩大顾客的视线范围，而且能增加空间的立体感。

挑台与普通平台相比能够提供俯视视角，扩大人们的视线范围。挑台在空间结构上能够增加空间的层次感，彰显地位与等级，通过与高低错落的空间层次、环境等的结合，形成具有延展性的空间环境。大多数情况下，将挑台和回廊组合使用，能够取得一定的震撼效果，给人具有深刻的空间体验。

5.交错、穿插空间

随着人们创新意识的不断发展，人们对空间的形态产生了新的理解，已经不满足于封闭的六面体和静止的空间形态。于是，室内设计开始把室外的城市立交模式引入室内，这使得展览馆、俱乐部等在接待人数方面取得了新的突破。此外，这也方便规划行动路线、组织和疏散人群，有助于确保人们在安全的前提下完成空间的使用和欣赏。

在交错、穿插空间内，人们交错穿流、俯仰相望、静中有动、动中有静，不但增加了室内空间的丰富性，也活跃了室内空间的气氛。交错、穿插空间对于整体空间构图具有至关重要的作用，对于增大空间效果有着良好的作用。

6.母子空间

有些公共大厅的空间范围较大，很难为人们提供一个用于交谈和休息的安静空间，空间的使用率较低。这种情况下，母子空间是一个不错的选择。

例如，柏林爱乐音乐厅将大厅空间划分成若干个小空间，从而为人们提供更好的空间体验。小空间能够增强空间的私密性，使人产生安全感。柏林爱乐音乐厅通过这种大、小空间相结合的方式，满足了人们的不同需求。大空间可以保证空间的质量，避免出现沉闷、闭塞的现象；而小空间可以避免其他空间的干扰，增添亲切感和私密感，更好地满足人们的心理需要。

总的来说，母子空间能够提高空间的使用率，但是需要结合空间的实际情况和使用的需求，避免将小空间分隔得太小或者太凌乱。为此，设计师需要根据实际情况灵活运用设计手法，选择合适的母子空间搭配方法。

7.共享空间

共享空间是一个融合了多种设计手法的综合性空间体系。美国建筑师波特曼创造的共享空间，不仅融入了先进的建筑技术，而且考虑到人们对于空间的需求，以丰富多彩、令人耳目一新的空间环境、新颖的设计手法、罕见的设计风格和设计元素，在视觉上给人强大的冲击力。波特曼在共享空间里运用的空间设计手法曾被众多建筑师争相效仿，但是大部分建筑师只能追求形式上的相似，难以实现波特曼共享空间的设计意境，缺乏活力。变则动，不变则静，单一的空间类型往往是静止的，而多样变化的空间形态会形成动感。波特曼创造的共享空间的特点之一就是具有动感。

（二）室内空间设计方法

室内空间形态多种多样，不同的空间形态具有不同的性质、用途和风格特点。室内空间形态受客观因素的制约，并不是通过主观臆想产生的。因此，在室内设计中，应该综合考虑环境的变化，选择合适的设计方法对室内设计进行构思，尽量避免不利因素带来的影响。

1.提出构思，实现功能

一个优秀的设计作品，能够将环境中的不利因素转变成可利用的资源。这就需要设计师进行综合考虑，通过新颖的构思方式，弥补其缺陷，展现其优势，以实现对空间的合理利用。例如，荷兰某地的办公楼，在二、三、四层布置了不同的工作室，营造了良好的工作氛围，实现了空间的价值。

2.合理利用自然条件，因地制宜

室内空间的设计会受到自然环境的影响，不同地形、环境、气候地区的建筑风格有明显的区别。对于人口密集的城市而言，需要密集、高耸的建筑物以满足人们对生活、工作空间的需求，而人口稀疏的地区则相反。

3.结构形式的创新

空间结构的受力系统具有一定的规律，但是空间结构的组织形式千变万化。空间结构的组织形式会直接影响空间结构的表现，如美国北卡罗来纳州达勒姆县某公司总部的支承杆件并不是垂直于地面的，而是采取新颖的设计手法斜向设置，并在顶部由横梁连接。这种空间结构形式既能确保空间结构受力系统的平衡，也能在视觉上体现空间设计的创新性。

4.建筑布局与室内空间结构的统一与变化

建筑布局在一定程度上对室内空间结构产生约束，但同时也提供了很大的自由性。一般情况下，室内空间的界面会根据建筑布局确定，但如果完全按照建筑布局规划室内空间，则会使空间环境过于单调。为了体现室内空间风格的多样性，可以在建筑布局的基础上进行适当改动，以个性化的室内设计更好地满足现代人对于室内空间的需求。

第二节　室内空间设计

一、室内空间动线设计

流畅、实用性强的室内空间动线是设计的重点。看似相同的空间结构，设计师对人性化细节考虑的差异，决定了动线的不同。同样的面积，开门方向不同，会直接影响动线和家具摆放，进而决定实际可使用面积。动线在设计中尤为重要。

对于室内空间动线设计，需要注意以下几点：

第一，按照人的视觉习惯来设计动线，顺时针陈列展品，方便参观与交流。

第二，保证视线流动。视线的流动是反复多次的，它在视觉物象停留的时间越长，获得的信息量也越多。

第三，使空间具有一定的开放性，打破封闭的模式，开诚布公地将信息诉诸大众，以努力促进主客双方的沟通。

（一）空间的流线设计

在空间规划设计中，各种流线的组织是很重要的。流线组织的好与坏，直接影响到各空间的使用质量。

1.平面的组织流线

有的空间，特别是中小型空间，因其空间的使用性质较单一，人流的活动相对较为简单，因此多采用平面的组织方式。以平面方式组织的展览路线简洁明了，一目了然，避免了不必要的上、下活动，使用起来亦是方便和合理的。

2.立体的组织流线

有些建筑空间由于功能要求比较复杂，仅依靠平面的方式不能完全解决流线组织的问题，还需要采用立体方式组织人流的活动。

3.综合的组织流线

有的建筑空间的流线组织需要采用综合的方式。也就是说，有的活动按平面方式安排，有的活动则按立体方式安排，因而形成了流线组织的综合关系。

（二）动线的布置方式

动线设计在空间中特别重要，为了让处于这一空间的人在移动时感到舒服，不易迷路，在设计动线时应考虑空间的大小，包括平面面积、空间高度、不同空间之间的位置关系和高度关系等。

1.单一回环曲线

单一回环曲线回环曲折，主动线能够串起所有节点和功能区，辅助动线设置在主动线之间，作为捷径。以商场为例，单一回环曲线便于消费者临时离开和按照自己的需要安排路线。

2.放射状动线

放射状动线以中心的广场或者中庭为核心，道路向四面放射分布，有较多出入口，处于其中的人往往难以想出一个完整的不重复的线路逛遍全场。放射状动线可以将人流汇聚到核心再导向不同分区，提高效率，但各分区之间分享人流随机消费的效果不明显。

3.树状动线

树状动线即一条主动线，可以曲折，沿途分出若干枝杈板块，枝杈板块中为环线或树状。人们可以进入每个枝杈板块完成单项循环，之后再回归主动线，进入下一个枝杈板块。这种布局便于人们设计出最佳路线，但与放射状布局相似，由于可以主动选择，各枝杈板块之间分享人流随机消费的效果不明显，适合规划互补型内容。

二、室内空间设计的基本元素

室内空间设计的基本元素有许多，如墙、柱、天花板、地板、门、窗、楼梯等，这些都是构成建筑空间的要素，也是联系外界的媒介。

（一）天棚

天棚能反映空间的形状及其内在关系。对天棚进行合理的装饰处理，可以展现室内各部分的相互关系，使空间层次分明，突出重点，扩大空间感，对人的视觉起到导向作用。在现代建筑空间中，天棚还有遮盖暗藏管线、支撑室内照明灯具等作用。

（二）地面

地面作为室内空间的低界面，需要支撑家具、设备和人的活动，有一定的使用要求。但在地面装饰设计中，除满足人们使用功能上的要求外，还必须考虑对地面的色彩、图案、材料、质感等的处理，以营造室内空间的艺术氛围，满足人们在精神上的追求和享受，达到美观、舒适的效果。

（三）墙

墙是建筑空间中的基本元素，有建筑构造的承重作用和建筑空间的围隔作用。与其他建筑元素不同，墙的功能很多，而且构成自由度大，可以有不同的形态，如直、曲等，也可以由不同材料构成。从使用的角度看，对墙的装饰起到保护墙体的作用。从美化的角度来讲，墙的装饰可以对家具和陈设物起到衬托作用。

（四）柱子

柱子在建筑中是垂直承重的重要构件，并以其明显的结构形态存在于建筑空间中。而当柱子与周围的功能需求相结合，成为其他功能构件的部分时，它也成为具有其他功能属性的形体概念。

（五）隔断

为了实现各个空间的相互交流与共融，室内空间往往被赋予了多重功能，隔断不仅能区分空间的不同功能，还能增强空间的层次感。空间的分隔与联系，是室内空间环境设计的重要内容。隔断的方式决定了空间与空间的联系程度，隔断的方式则在满足不同空间功能要求的基础上决定。空间分隔的最终目的就是获得围与透的最佳组合。

（六）楼梯

作为建筑空间元素，楼梯在建筑中的作用是垂直交通，它使人们从这一层上升或下降到另一层。楼梯的前身是扶梯，是两层之间最短的连接物，因为太陡而难以使用，所以现代的楼梯一般都具有良好的功能作用和合理的建筑素质。

第三节　室内界面设计

室内界面主要由底面、顶面和侧面三种界面组成。底面是指楼层的地面，侧面是指四周的墙面或隔断等，而顶面是指空间上方的天顶、天棚等。人们对于室内空间大小的感受，主要是通过对各种界面位置的感知产生的。从室内设计的角度来看，室内界面并不一定是存在于物理世界中的实体，有时通过某一设计元素的变化，可以形成一种无形的界面。这就是空间界面"虚"与"实"的结合，它可以转化为一种设计风格，在实际运用中产生独特的空间体验。

在具体的设计进程中，不同阶段的重点不同，如在室内空间组织、布局确定后，对室内界面的设计就显得非常突出。设计师通过对室内界面的设计，可以呈现出多样的界面风格。不同的空间需要实现的空间功能并不相同，因此在设计室内界面的过程中，需要考虑空间功能的需求。另外，室内界面需要和室内空间的具体设备相结合，增加空间整体的协调感。

一、室内界面的要求

在室内设计中，不同类型的界面既有统一的要求，也有各自独特的要求。

（一）各类界面的共同要求

第一，耐久性及使用期限。

第二，耐燃及防火性能（现代室内装饰应尽量采用难燃材料，避免采用燃烧时释放大量浓烟及有毒气体的材料）。

第三，无毒（指散发气体及触摸时的有害物质低于核定剂量）。

第四，无害的核定放射剂量。

第五，易于制作安装和施工，便于更新。

第六，必要的隔热保暖、隔声吸声性能。

第七，装饰及美观要求。

第八，相应的经济要求。

（二）各类界面的独特要求

第一，底面要求耐磨、防滑、易清洁、防静电等。

第二，侧面达到较高的隔声吸声、保暖隔热要求。

第三，顶面要求质轻，光反射率高，达到较高的隔声吸声、保暖隔热要求。

二、室内界面装饰材料的选用

室内界面装饰材料的选用不仅会影响室内空间的实用性、美观性，还会影响设计的成本。因此，设计师在选择界面装饰材料时，需要熟悉材料各方面的属性与特点，结合空间的需求，选择既能够突显设计风格，又能够降低成本、便于使用的材料。对于界面装饰材料的选择，应该从以下几个方面综合考虑：

（一）材料在空间中的实用性

对于具有不同功能的室内空间，需要选用不同的界面材料来烘托室内的环境氛围。例如，办公空间需要为人们提供安静、舒适的办公环境，不宜选择颜色过于鲜艳的界面材料；设计感、观赏性较强的空间需要为人们提供赏心悦目的办公环境，宜选择质感较好、颜色鲜艳的界面材料；娱乐场所需要为人们提供欢乐的游玩环境，宜选择色彩鲜艳、图案丰富的界面材料，以带来良好的空间体验。

（二）界面材料的应用位置

不同的建筑部位在整体建筑中起到的作用是不同的，因此对于界面装饰材料的需求也存在较大差异。例如，建筑外部经常直接接触外界环境，容易受到环境的影响，需要选择具有较好的耐风化、防腐蚀性能的装饰材料。

在材料的应用方面，应根据材料的特征选择合适的装饰部位。布料、粉刷材料不适用于水汽较高的空间，如厨房、卫生间等；大理石中的碳酸钙容易受到空气中酸性物质的侵蚀，因此不适用于建筑外部。

（三）适应时尚变化，引入自然材料

随着科学技术的不断发展，人们对室内空间的需求也在不断改变，现代室内设计风格也随之变化。因此，在选择装饰材料时应该注重材料的适用性，通过不同的设计手法将材料的特征与整体设计风格结合起来，适应时尚变化。

人们的大多数活动都是在室内空间中进行的，缺少与大自然的接触。如今，回归自然已成为室内装饰的发展趋势之一。在室内设计中引入大自然的因素，可以加强室内空间与自然的联系，实现室内空间与自然环境的结合。室内设计引入的自然材料主要包括以下几种：

1.木材

木材作为室内空间装饰材料，具有质量轻、触感佳、颜色优美、易加工等特点。木材的含水量少，不易变形，经过防火、防蛀处理后，抗腐蚀性较强，具有广阔的应用空间。木材种类繁多，不同种类的性能也有很大的区别，因此在木材的选择上具有较大的空间。

（1）杉木、松木

杉木与松木纹理清晰，具有较强的装饰效果，可以应用在室内空间的内衬构造中，也可以利用先进的现代工艺技术将其加工成装饰面材。

（2）柳桉木

柳桉木便于加工，易变形，能够满足人们对木材造型的需求。

（3）水曲柳

水曲柳具有优美的纹理，可以作为装饰面材使用。

（4）克隆木

克隆木的产地在东南亚，纹理通直，材质均匀，但是硬度较高，不易加工。

（5）桦木

桦木的颜色比较淡雅，适用于简洁的办公空间或风格简单的生活空间。

（6）枫木

枫木与桦木有很多相似之处，色较淡雅，用途也与桦木相似。

（7）橡木

橡木木纹独特且清晰美观，材质坚韧，比较耐用，常用于制作实木家具。

（8）山毛榉木

山毛榉木纹理美，结构均匀，材质重且硬。

（9）柚木

柚木具有耐腐蚀、硬度高、颜色佳、手感好等优势，但成本高昂，因此常被制作成高级地板和家具。

除以上几种木材外，还有多种木材可以用于室内空间装饰，如桃花心木、樱桃木等，但是受成本、材质等方面因素的制约，这些木材只得到了小面积应用。

2.石材

与木材相比，石材硬度高，耐久性好，纹理和色泽极为美观，还可以根据不同的装饰效果需求，使用亚光、磨光、镜面、烧毛等多种处理方式，加工成各种造型和纹路，适用于各种室内空间装饰。不过，石材在颜色、纹理、光泽等多方面存在差异，因此在石材的选用上，应该注意观察石材的特点，实现空间整体的协调统一。

（1）花岗石

花岗石是一种酸性岩石，二氧化硅含量高的花岗石表面可以进行火烧加工，这个特性是其他石材所不具备的。花岗石常为整体均匀的粒状结构，其颜色主要有红、粉红、灰红、红褐及灰蓝色。表面经磨光后，花岗石可呈现出美丽高雅的斑点状花纹。此外，花岗岩花色一般较均匀，适于大面积装饰建筑物。花岗岩的构造致密，空隙和吸水率极小，耐风化，耐磨性较好。由于它的强度、硬度、耐磨性、耐腐蚀性明显高于大理石，因而在家居装饰装修中更适用于室外阳台、庭院、客餐厅的地面及窗台。但要注意的是，有些花岗石有辐射性，会对人体造成一定的伤害。

（2）大理石

大理石是自古以来驰名中外的高级建筑装饰材料，我国使用最多的是云南大理石。大理石是一种变质岩，抗压强度比较高，但硬度并不大，属于中硬石材，容易加工成型，表面经磨光和抛光后，呈现出鲜艳的色泽。除单色外，大理石大多具有美丽的颜色和花纹，这些颜色与花纹也可拼成美丽的图案。大理石主要用于室内吧台、料理台、餐柜的台面，其缺点是质地较花岗石软，被硬重物体撞击时易受损伤，浅色石材易被污染。

三、室内界面处理

人们的室内空间体验，往往是通过感受整体空间氛围而产生的，是对整体空间进行综合性体验的结果。整体空间氛围由界面确定，不同的界面给人带来的视觉感受有很大的差异。在界面的具体设计中，可以根据室内环境氛围的要求和材料、设备、施工工艺等运用多种手法，也可以在处理界面时重点运用某一手法。

（一）材料的质地

根据材料的特性，可以对室内装饰材料的质地进行简单划分，如天然材料与人工材料、硬质材料与柔软材料、精致材料与粗犷材料等。不同质地的材料，给人的感受也是不同的。

第一，未经处理的大理石给人一种粗犷、豪放的视觉体验，而平整光滑的大理石能够使空间显得整洁。

第二，纹理清晰、色泽饱满的木材能够给人一种清新、自然的体验，小巧精美的木制品可以增加空间的艺术性。

第三，假石多应用于庭院景观，可增加空间的层次感；而带有斧痕的假石更容易让人感受到力量感，给人带来粗犷的视觉体验。

第四，先进的技术手段，将不锈钢制作成全反射的镜面，可增加空间的精细性、高科技性，适用于现代化的装修风格。

第五，清水勾缝砖墙面与浑水墙相比，外观质量要好很多，其砖缝清晰、美观、规则，给人一种简单、淳朴的空间体验。

第六，大面积灰砂粉刷面会给人一种亲切感，给人带来扩大空间范围的视觉体验，增强空间的整体感。

第七，天然材料中的木材、棉、麻等，通过不同的处理方式，可以形成家具、墙体材料、布艺织物等。

在组合运用不同的材料时，需要注意不同材料在质地、光泽、色彩、造型等方面的联系和差异，还要注意光线、风、空气等因素的影响。

（二）界面的线形

界面的线形主要是指界面本身、界面边缘、界面上的图案以及界面交界处的脚线等处的形状。界面的线形组合在一起便形成了完整的界面，对室内空间的整体氛围具有烘托作用。

1.界面上的图案与线脚

界面上的图案根据内容和表现形式的不同，可以分为多种类型：抽象的或具象的、有色彩的或无色彩的、有主题的或无主题的等。界面上图案的表现手段，可以是手绘或机器印制的，也可以是不同界面组合而成的。界面的图案与整体室内环境相互衬托，不仅能够烘托室内空间的整体氛围，还可以增强室内空间的艺术性。

界面的边缘、转角经常会采用线脚处理的方式，这不仅可以强化界面的边缘，还方便日常清洁，具有较强的实用性。随着科学技术水平的不断进步，界面的边缘、转角通常以不同断面造型的线脚处理，如选择内嵌踢脚或直接取消踢脚，以提高空间界面的整体性。踢脚的设置方式与色彩、纹样的选择能够从细节处展示室内设计的风格、特点，是室内设计艺术风格定位的重要表达语言。

2.界面的形状

一般情况下，受到承重墙的位置和建筑构造的影响，以结构构件、承重墙体为依托，界面会形成多种表现形式，如平面、拱形等。此外，也可以根据使用功能对界面形状的需要进行考虑。例如，剧院、音乐厅等室内空间的使用功能对界面的形状有较高的要求，设计时需要综合考虑几何声学等方面的内容，对室内界面形状进行调整，以满足空间专业性的要求。

室内界面可以通过材质、线形、图案、色彩等的搭配，给人们带来不一样的视觉感受和空间体验。

第四节　室内空间的分隔

一、空间分隔的作用

在确定室内空间的分隔方式时，既要考虑空间的特点和功能使用要求，又要考虑空间的艺术特点和人的心理需求。空间各组成部分之间的关系主要是通过空间的分隔来体现的，而空间的分隔就是对空间的限定和再限定。不同空间之间的联系取决于空间限定的程度（声音、湿度等），即限定度。限定度会因限定手法产生变化。屏风、栏杆、柜子、墙壁等都是限定空间的方式，这些限制方式能够产生不同的空间体验，对整体空间的衬托效果也存在很大的不同。另外，材料、造型、色彩的组合和运用都会在一定程度上影响限定空间的作用、性质和风格。设计师需要根据限定材料的稳定性、限定度、高度等因素，结合实际空间需要选择合适的材料。

即使被分隔成不同的组成部分，室内空间依然存在联系，可见空间的分隔与联系是相辅相成、密不可分的。在对整体空间进行研究时，需要将不同空间的分隔与联系紧密结合起来，不能只谈分隔而不谈联系，也不能只谈联系而不谈分隔，否则就无法实现室内空间的物质功能与精神功能的统一。可见，在室内设计中，空间的分隔与联系是至关重要的研究内容。

罗伯特·文丘里（Robert Venturi）说过："建筑的基本目的是去围合空间，形成一种场合，并非仅仅去追求空间的向导。"这句话的意思是：空间要为人们提供具有公共性和私密性的领域，要有层次感，并且要有一系列鲜明的、具有象征意义的标志，使人们可以根据标志对空间的功能和性质加以区分。在这里对空间的强调，是对领域感的强调。领域感的形成正是室内空间具体化的体现，包含人在其中从事的某种或几种活动的含义。领域感是空间的功能和性质在人们心理上产生的一种印象，空间领域感的形成与空间的设计风格有着密不可分的联系，两者之间相互作用。

对于不同功能、不同空间特点的室内空间，其领域感的满足和私密性的形成有不同的具体处理手法。对于私密感较强的空间，如卧室，应选择绝对分隔的分隔方式，因为其限定度较高，空间界限明确，抗干扰能力强，能够大幅提升空间的领域感；对于私密性较弱的公共区域，如会客室，可以采用象征性的分隔方式，如矮墙、屏风等，这样不仅不会影响到空间的连贯性、流动性，还能够增强相邻空间之间的联系，提升空间的整体性。室内设计的艺术风格和审美价值，就是在空间的分隔中无形地体现出来的，默默地影响着人们对空间的印象。

二、现代室内设计中空间的分隔方式

室内设计是反映人类物质生活和精神生活的一面镜子，是运用艺术和技术的手段，依据人们生理和心理的要求进行的室内空间改造。室内空间的分隔可以依照功能需求来进行，通过采用多样化的材料、采光、照明、陈设以及艺术造型等手法，能够形成形态繁多的空间分隔。

（一）封闭式分隔

封闭式分隔可以有效隔离外部空间的声音、温度、视线等因素的干扰，形成一个封闭、独立的空间。封闭式分隔常通过承重墙或轻质隔墙等实现，常应用于 KTV 包厢、居住性空间等私密性较强的空间。这种空间虽然能给人们带来安全感，但是空间的流动性较差。

（二）半开放式分隔

与封闭式分隔相比，半开放式分隔具有更强的空间流动性，经常通过透空式的高柜、墙面或者矮柜、矮墙等实现。半开放式分隔虽然将两个空间分隔开，但是并没有排除外部空间声音、温度、视线等因素的干扰，只能阻挡一部分视线。这种分隔方式能够将空间分成若干个小空间，而且不会影响空间整体的流动性和连续性。

（三）象征式分隔

象征式分隔并没有有形的障碍物作为分隔空间的界限，而是通过某种因素的反差来分隔空间，如建筑物材质、色彩、高度等。象征式分隔虽然没有有形的界限，但是能够在视觉和心理层面使人产生两个空间的感觉。象征式分隔可以通过不同的设计手法实现，并且灵活性较强，可随时改变两个空间之间的界限。

（四）弹性分隔

弹性分隔是一种处于开放式分隔与半开放式分隔之间的分隔方式，可以根据具体需求改变形态。在一般情况下，弹性分隔可以通过推拉门、门帘等方式实现，达到一室两用的目的。弹性分隔适用于范围较小的空间，如兼有卧室功能的起居室，当有访客到来时可以将两个空间分隔开，满足私密性需求。

（五）局部分隔

局部分隔是将空间中的一部分空间分隔出来，形成一个私密、独立的小空间，主要目的是减少视线上的相互干扰。局部分隔一般会选择高于视线高度的物品，如利用屏风、家具或隔断等物品分隔空间，以达到阻挡视线的目的。不同大小、形状、材质的分隔体可以取得不同的分隔效果。按分隔的形式来划分，可以将局部分隔分为一字形垂直划分、平行垂直面划分、L形垂直划分、U形垂直划分等多种方式。

（六）列柱分隔

因受到建筑结构的影响，部分范围过大的空间需要在中间设置柱子，利用柱子实现空间的分隔。柱距越近，柱身越细，分隔空间的效果越明显，越能够增强空间的层次感。一般情况下，柱子的排列方式有两种：单排柱和双排柱。单排柱的空间结构十分简单，能够直接将空间一分为二；双排柱则是将一个空间分隔成三个空间，通常在空间中对称分布，也可以通过距离的远近调节空间分隔的比例。大部分双排柱会采用"边跨小而中跨大"的空间结构进行空间分隔，这种分隔方式主题突出、层次分明，可以增强空间的完整性。

（七）基面或顶面的高差变化分隔

这种方式即通过将基面或顶面局部抬高或降低的方式，形成一种视觉上的差异，从而使人产生一种空间分隔的感觉。这种空间分隔方式虽然非常简单，但是不能影响空间的流动性。基面的降低可以增强空间的内聚性，给人一种私密性较强的独立空间的感觉；而基面的抬高可以突出空间的内容，适用于展示性较强的空间。顶面的高差变化在公共空间中也有广泛的应用，不仅可以丰富空间的造型效果，还可以提高空间的利用率，实现空间的价值。

（八）建筑小品、灯具、软隔断分隔

建筑小品是指体量小、观赏性强、具有鲜明特点的空间标志物，如喷泉、雕塑、灯具等都属于建筑小品。建筑小品能够活跃空间氛围，增强空间的艺术效果，提升空间的观赏价值，还能分隔空间。例如，利用灯具的不同排列组合方式可以在视觉效果上达到分隔空间的目的。珠帘等软隔断在生活空间和办公空间中也十分常见，可以起到阻挡视线、分隔空间、增强空间层次感的作用。

三、现代室内设计中空间分隔的重点

现代室内设计更倾向于通过设计元素细节的变化改变空间结构，达到分隔空间的目的。这种分隔主要体现在光、声音、色彩、材质上。

视觉的形成是通过光来实现的，没有光的世界一片黑暗，自然也不会产生视觉印象。光不仅能够满足人们实现视觉功能的基本需求，还能够在视觉上对空间的结构、形象、性质、艺术感等方面产生影响。室内设计可以通过对光的照明度、色调、饱和度等因素的调整，营造与空间形状有关的生理和心理环境。可以说，室内设计对光的选择与运用既是一门科学，又是一门艺术，与人们的生活息息相关。

路易·艾瑟铎·康（Louis Isadore Kahn）对光的重要性有着深刻的理解。他曾说过这样一段话："对我来说，光是有情感的，它产生可与人合一的领域，将人与永恒联系在一起。它可以创造一种形，这种形是用一般造型手段无法获得的。"他将这种对于光的理解应用在菲利普斯学院的图书馆设计中，充分发挥了光线对空间的作用。

室内空间的采光受到各种环境因素的影响，并不是简单地增加窗户的数量和改变窗户的大小就能实现合适的采光的。建筑所处地区的气候条件、建筑外部空间的景观条件、室外环境等外部因素都能够对室内空间的采光造成影响。在进行室内设计时，不仅要考虑直射光对空间的影响，还需要综合考虑漫射光、地面反射光对空间采光的作用。只有综合考虑各种光线的影响，才能创造出恰到好处、令人舒适的光环境。

色彩和光线是密不可分的，二者在室内设计中占据同样重要的地位。作为室内设计的一种手段，色彩可以融入任何室内设计元素，从而在不改变空间结构和布局的情况下改变空间的整体效果，潜移默化地影响人们对空间的感受。

　　室内空间分隔材质的选用会直接影响室内设计的效果和经济成本。不同的材质会对室内空间的分隔度产生不同的影响，这主要体现在室内空间的隔音、隔热等性能上，最终直接影响室内设计的质量。除了材质的性能，还应注意美感及人们通过触摸而产生的感受。例如：大理石有着自然的纹理，光滑、磨砂等多种不同的表面质感能够形成多种触觉效果；金属的色泽和质感能够给人一种科技化、现代化的空间风格；织物柔软的触感能够增加空间的温馨度；等等。目前，人们更倾向于自由、灵活、清新、自然的室内空间氛围，更倾向于将自然因素融入室内设计，因此天然材料也开始成为室内设计师的宠儿。

　　总的来说，室内空间受到地域、气候、建筑结构等多种因素的影响，部分因素是人们难以轻易改变的，但是人们可以根据自己的喜好自由设置空间中的光线、色彩、材质等，具有较强的灵活性。设计师可以通过对这些因素的选择，将空间分隔的作用展现得恰到好处，这样不仅能在视觉上满足人们的心理需求，而且能在整体上为人们带来极佳的空间体验。

四、现代室内设计中空间分隔的新趋势

　　室内设计以满足人们的需求为基本目标，而人们的需求会随着社会环境的变化不断改变。此外，经济发展状况、科学技术发展水平、文化环境的变化都会推动室内设计新的发展趋势的产生。在我国，室内空间主要根据传统方式进行分隔，而美国则是根据空间的功能将空间分隔成不同的区。以区来重新定义空间类型，能够将空间的功能划分得更加细致，而且更注重空间的个性化，更能满足人们追求更高的空间质量和生活品质的需求。

　　通常情况下，住宅空间可以划分为以下五个区：
　　（1）礼仪区。礼仪区包括玄关、起居室、餐室等。
　　（2）交往区。交往区包括餐室、厨房、家庭室等。
　　（3）私密区。私密区包括主卧、卫生间、次卧、书房等。
　　（4）功能区。功能区包括洗衣间、储藏室、车库、地下室、阁楼等。
　　（5）室外区。室外区包括沿街立面、前院、后院、平台、硬地等。
　　五大功能区的划分能够体现住宅空间的使用情况，不仅可以满足饮食起居、交流礼仪等基本的空间功能和生活需求，还注重保护空间使用者的隐私，体现人们在精神层面的更高追求。五大功能区的划分十分人性化，对居住面积不是很大的人来说可以获得十分舒服的体验。空间布局的人性化设计能够给人们的日常生活带来很多的便利，尤其是在空间布局的流畅性和舒适性上。合理的功能分区不仅能提高空间利用率，还能节约时间，促使人们将时间花费在更有意义的事情上。

室内设计风格多样、种类繁多，千姿百态的室内空间表现形式令人眼花缭乱。在经济社会的飞速发展中，资源的缺乏让人们逐渐意识到自然环境的可持续发展对人们的生产、生活有着至关重要的影响。在此背景下，空间分隔的新趋势必然是增加空间的利用率，通过新技术和新资源找到解决自然环境和资源问题的新方法，满足人们对空间分隔的需求。

第五章 现代室内软装饰设计

第一节 软装饰的概念和种类

室内空间中的软装饰与建筑设计中的装饰因素一样，可以作为审美符号出现。软装饰可以使人们透过其独特的艺术审美特质感受室内空间的文化内涵以及主人的修养、喜好、性格甚至学识。随着装饰材料的更新换代，软装饰的内容和范围也在不断地更新、拓展，与人们的生活变得密不可分。软装饰以其特殊的材质肌理、色彩图案、造型工艺将整个室内环境统一起来，既丰富了室内环境，又与空间形式产生了一种互动的协调感，为室内空间营造了一种艺术氛围。

一、软装饰的概念

软装饰是近几年才在室内设计中流行开来的，是一个比较新的概念，还没有固定、统一的解释。一般认为，室内设计中的软装饰是一个与"硬装修"相对的独立的概念。硬装修一般是指在室内设计施工过程中的改水电线路、做墙地面、粘贴瓷砖和木工活等室内基本设施工程；而软装饰则为待室内基本设施完工后进行的增值性的美化和细节装饰。起初软装饰并不是独立存在的，而是室内装修的一部分，但是近年来室内设计呈现出多元化和综合化的发展，室内装修裂变成众多分支，软装饰便逐渐形成一个独立的新兴行业。软装饰的概念与具体的内涵、外延还在不断地发展当中，人们对软装饰的概念会有更多不同的解释。

目前，业内比较认同的软装饰概念有两种：①软装饰，即以纺织面料类材质构成的室内装饰织物，主要包括壁面装饰类、家具覆面类、地面铺装类、窗帘帷幔类、床上用品织物类等具有装饰功能和相应实用功能的纺织品。这也是本书所述的软装饰。②装修完成的主体结构（如墙面、地面、顶棚等）以外的一切可以根据不同需要进行移动组合的物品。虽然这种分类方式稍显宽泛，但是从整个室内设计中软装饰的发展趋势来看，这个概念是可以继续使用和发展下去的。需要注意的是，上述两种对软装饰的界定仅是作者所认同的，它的概念还会在不同的背景下发生相应的变化。

总的来说，软装饰是现代室内设计中一个重要的课题，涵盖的内容较为广泛，空间需求较为丰富，在生活中被广泛使用。不管是陋室还是豪宅，软装饰都以其柔软亲和的纤维质地和绚丽多彩的图案造型创造了独特的自然美和艺术美。

如今，室内装饰织物随着社会的发展和人们的需求进入了一个崭新的时期。室内装饰织物能够以其独特的材质、肌理较为容易地与人们产生交流与共鸣。天然纤维棉、毛、麻、丝等织物源于自然，可以创造出具有"人情味"的室内环境，通过人们的视觉、触觉等生理和心理感受体现其价值。不同类型、不同质地的室内装饰织物可创造出多种视觉空间状态，因此可根据季节更替和心理环境的改变对室内装饰织物进行局部或整体的调整与更换，表现不同的主题和审美情趣。室内装饰织物柔软的质地与坚硬的建筑构件形成了鲜明的对比，能够使人们在触觉方面感到亲切和舒适。天然的纤维组织能够使人们远离城市的喧嚣，感受到大自然的关怀。室内装饰织物不仅能够给人们带来触觉上的舒适感受，还具有吸声性能、隔音、隔热等作用。

艺术家奥古斯特·罗丹（Auguste Rodin）曾说过："美即和谐。"室内软装饰的和谐体现在同类织物的色调、风格特征上。例如，为了营造简欧式卧室的细腻背景，奠定室内环境自然、淡雅的色调，床品、帷幔的设计均应以素净、淡雅为装饰特征，白底花纹的羊毛地毯之上可以是奶油色底花纹的沙发和坚实的带有温暖色泽的木制家具。同时，为了达到整个室内环境的统一，点缀于房间各个角落的装饰品无论是色彩、图案还是外形都应以简欧装饰风格为基调。这里需要注意的是，室内装饰织物在室内环境中占有不同的比例，具有不同的功能，不同的室内环境对室内装饰织物的要求也不尽相同。一切软装饰设计都应以满足室内环境的功能需要为前提，以维护室内环境的整体性为准则，而且软装饰各元素之间的相互关联性应较强，与室内环境各部位的关系应和谐统一，从而形成一个有机整体，反映软装饰与室内环境和谐融洽的作用关系。

二、室内装饰织物的类别

在室内设计飞速发展的今天，室内装饰织物也发生了很大的变化，以崭新的面貌向世人展现其巨大的魅力。目前，室内装饰织物已渗透到室内设计的各个方面，室内装饰织物的合理利用已成为衡量室内环境装饰水平的重要标志之一。一般可以根据室内环境中装饰的位置和功能作用，将室内装饰织物分为壁面装饰类织物、窗帘帷幔类织物、地面铺装类织物、床上用品类织物、家具覆面类织物、家用布艺装饰品这六大类。

（一）壁面装饰类织物

壁面装饰类织物在室内软装饰中占有很大的面积，是最易形成视觉重心的部分，可以改善室内墙面单调、清冷的状态。可以说，壁面装饰类织物对塑造室内氛围具有举足轻重的作用。壁面装饰类织物是以天然或化学纤维为原材料，通过各种加工方式编织制作而成的。它结构细腻，布纹丰富多彩，平整性与稳定性较好，是室内设计中常用的壁面装饰材料。目前在国内外流行的壁面装饰类织物，无论是提花类装饰壁布、纱线类装饰壁布，还是浮雕类装饰壁布、无纺布类装饰壁布，其表面都经过了特殊的处理，其质地都比较柔软舒适，而且色彩柔和、纹理自然，极具艺术效果，能带给人们温馨的感觉。下面以装饰壁布、艺术壁挂为例，对壁面装饰类织物进行举例分析。

1.装饰壁布

在家居空间中，装饰壁布以其丰富的色彩和亲切的质感彻底改变了传统墙面空白单调的冷硬面孔，多用于客厅电视背景墙的装饰设计。在欧式风格中，装饰壁布的图案多采用连续排列的卷草纹设计，可以在丰富电视背景墙面的同时突出电器与家具造型样式。浅咖啡色调的装饰壁布与深棕色地毯协调搭配相得益彰，配以造型简洁的欧式家具可以烘托室内风格的高雅基调。

装饰壁布对墙面具有很强的满饰效果，在视觉上强化了室内环境风格的统一性。例如，浅淡颜色的装饰壁布以牡丹粉色配合碎花图案，使室内环境呈现舒适、典雅的氛围，与窗帘、床品的色彩图案相互协调搭配，结合柔和的室内灯光处理，强调了田园装饰风格的家居私密空间所具备的轻松与惬意。柔和的装饰壁布具有一种阴柔之美，为了不显得过于甜腻，可以搭配清爽的白色家具，不仅能增加房间的亮度，也能使色调得以调和。

装饰壁布表层基材多为天然纤维材质，具有一定的柔韧性，无毒、无味，与装饰壁纸同样具有环保、更换简便等特性，因此深受人们的喜爱，在室内设计中得到了广泛应用。在公共娱乐空间中，壁面装饰类织物多以浮雕类装饰壁布或软包类装饰壁布出现。例如，公共娱乐空间多选用色彩纯度较高、刺激性较强的壁面装饰，并根据具体的室内环境风格特征配合室内灯光的处理，营造动感、活跃的娱乐氛围，且公共娱乐空间中的壁面装饰类织物与地面硬质铺装在材质上形成了鲜明对比；在功能上，其独特的纤维材质经过了特殊的加工处理，具有超强的吸音、隔音、防火、防霉、防蛀等特质。

2.艺术壁挂

现代壁挂、艺术挂毯以各种纤维为原料，通过不同的编织手法加工制作而成。它们以鲜艳的图案色彩和独特的肌理效果，为室内环境增色不少。现代壁挂是 20 世纪 70 年代初在国际上出现的一种新型立体软装饰艺术形式，与传统挂毯相比，对表现手法和编织技巧进行了大胆创新，突破了传统纤维的束缚，改用皮革、金属、竹木等新型材质。可以说，现代建筑中的壁挂作品是温暖人心的设计，体现了材料美、工艺美和功能美的完美统一。壁挂在室内环境中所占面积较大，其色彩图案、材质肌理、情调意蕴等对整个室内环境的主要色调和氛围起到至关重要的作用。现代壁挂纯手工编织的艺术表现技法极富自然质朴的气息，邻近色调的对比效果能够给人一定的视觉冲击。现代壁挂中的装饰元素以各具特色的图案色彩、材质肌理的完美结合，增强了艺术表现力，在室内环境中形成了较强的视觉美感，显示了扣人心弦的艺术魅力。可以说，现代壁挂以其极富自然气息的材料肌理质感和手工韵味情调唤起了人们对大自然的深厚情感，从而消除了现代生活中因为大量使用硬质装饰材料而形成的单调感、冷漠感。

艺术挂毯是一种高雅美观的悬挂软装饰艺术品，一般通过其特有的质感和肌理带给人们亲切感。挂毯保存时间较长，能持久地焕发其艺术风采，是室内软装饰的主要元素之一。挂毯是类似地毯材质的编织艺术品，其用料丰富，有羊毛、丝织、麻织等，而且纤维编织技法与对比色调的运用效果颇显粗犷不羁的装饰韵味。艺术挂毯的毯面绒毛丰满，色泽柔和绚丽，纹样变化多姿，装饰风格华贵端庄，具有吸音、吸热等物理作用，对室内环境装饰效果的表现具有非常重要的作用。

（二）窗帘帷幔类织物

不论是在家居空间、公共空间还是交通工具中，窗帘帷幔类织物都是不可缺少的装饰织物。窗帘帷幔类织物是以天然纤维或化学纤维为原材料，通过机械加工的方式编织而成，基于室内环境的需要多以依附窗体或家具的形式进行悬挂，并对室内环境起到美化装饰作用的纺织品。窗帘帷幔类织物既增强了室内环境的私密性，又给人们带来一定的安全感。

例如，在法式乡村气息浓郁的室内环境中，可以用镶有白边的浅黄色窗帘营造一种温暖休闲的气氛，还可以用曲线柔和、玫瑰花形图案的窗帘改善高拱形窗的形状，装饰高拱形窗的三个角，从而缓解大窗对整个室内环境的影响，同时不会完全遮挡户外的景观。窗帘采用华丽的玫瑰花形，从中心垂落，直到高拱形窗的下端，在大窗中间部分将窗帘扎成波浪形的套筒，掩盖了门楣上突出的窗帘盒。雅致精细的丝质流苏式木质窗帘扣装饰了精美的菱形花边和柱状的饰物，柔和地将多层窗帘重叠聚拢在一起，方便了窗帘的收纳，强调了窗帘的装饰效果。

又如，公共空间就餐区域的窗帘设计，可以以褐色为基调，与咖啡色座椅、木质桌面协调统一，营造现代室内环境装饰风格。同时，通过暖光的处理并结合纱帘的材质肌理对空间进行重新划分，在烘托整体氛围的同时满足就餐区域所需的实用功能，既有装饰性，又有良好的透气性。

窗帘除了具有审美功能，还具有调节室内光线、声音、温度以及遮挡等实用功能。其中，窗帘的遮挡功能主要表现在挡光防尘和遮挡视线上。对于私密性要求较高的室内空间，窗帘一般由具有一定厚度的不透明材料制作而成。有着悠久历史的帷幔是室内环境中一种集挡风防尘、避虫、取暖、装饰于一身的织物形式。在古代，帷幔的使用有着森严的等级差异。据《宋书·礼志》记载，二品官员以下不得使用锦帐，六品官员以下不得使用绛帐。古时，江南民间的架子床利用床架和帐幔在偌大的卧室中围合成一个小巧的睡眠空间。纱帐细薄通透，既私密又不会让人觉得压抑，增加了人们睡眠的安全感。

帷幔的功能与窗帘基本相同，只在幅面大小、制作形式上略有区别，一般可以通用。今天，快节奏的生活和繁重的工作压力使得"家"成为人们的心灵庇护所，卧室作为"家"的实体之一，占据了人生三分之一的时间，睡眠环境会直接影响人们的工作效率、生活质量及身心健康。因此，床帐和帷幔作为一种精神象征重新走进现代室内设计，寄托了人们对"家"的温暖的无限渴望。

帷幔的色泽和造型多样，可以根据卧室空间的大小和居住者的爱好进行选择。小尺度的空间一般可用床幔来隔开私密性的空间；较大的空间则可通过床架与床幔的结合来进行装饰，使睡眠空间具有较强的私密性和安全感。纱幔柔软的材质可以与地面的硬质铺装形成鲜明的对比，在丰富室内环境材质表现的同时，圈出安逸的睡眠空间范围。纯白色的纱幔与暖黄色基调的配套床品可以营造温馨的睡眠环境。

根据实际需要，帷幔可以分为厚薄两种类型。薄型床幔具有一定的能见度，人们透过帷幔能隐约看到室内景物并产生一种使空间加大的视线错觉；厚型帷幔具有厚实的质地和良好的遮蔽、隔音效果，可以起到隔离空间的作用，使室内局部环境保持相应的独立性。

（三）地面铺装类织物

地面铺装类织物主要是指在家居空间、公共空间（宾馆、剧院、学校、办公场所）及交通工具（车辆、船舶、飞机）中用于地面铺装的各类纺织物。在装饰织物中，地毯属于最厚重的织物，但它作为地面铺装的材料则是最柔软的地面覆盖物。现代室内设计强调元素关系与整体把握，法国启蒙思想家德尼·狄德罗（Denis Diderot）曾说："美与关系俱生、俱长、俱灭。"对室内设计来说，室内环境是整体艺术，地毯的使用要综合考虑各种实体的功能组合关系以及空间、形体、色彩和虚实关系，还要照顾到意境的营造与周围环境的协调。

例如，某综合类商场的影院售票等候区域采用地毯与硬质铺装相结合的设计，对影院与外部购物环境进行了空间划分，强化了人们的视觉领域感；地毯采用抽象几何图案的设计，配合顶面灯饰，营造出了影院的娱乐氛围。地毯质地厚实、外观华美，铺设后可使地面显得端庄富丽，能获得极好的装饰效果，再加上地毯在室内环境中所占面积较大，决定了室内装饰风格的基调。此外，地毯柔软而富有弹性的质地在带给人们舒适脚感的同时，还具有减少噪声、防止滑倒、隔潮等功能。

地毯厚实的质地与毛绒的表面具有良好的吸音效果，能适当减少噪声的影响。因此，许多电影院、大型会议室等公共空间地面多以地毯铺设，以改善声音清晰程度。同时，铺设地毯也有利于削减室内其他杂乱的声音，形成良好的室内视听环境。作为家居空间地面铺设的主要装饰材料，地毯还具有装饰、美观、渲染室内环境气氛的功能。在没有特殊色彩、风格要求的前提下，多以较家具颜色偏深的地毯为首选，以使室内的色彩有上轻下重的稳定之感，同时有效地衬托室内环境中的家具和其他装饰元素。在现代室内设计中，地面一般由瓷砖等硬质的建筑材料组成，人们在这种硬质地面上行走，会因受到地面的反作用力而感觉不适，产生疲劳感。而地毯质地厚实、松软且富有弹性，可以使人们在行走时感到步履轻快、舒适柔软，有利于消除人们的不适感和疲劳感。

不同的室内环境有不同的特点,每种地毯的造型风格都会显现出不同的美学内涵及精神意蕴。因此,在进行地毯的铺设和选择时,应该从功能出发,从整体氛围考虑,从而为创造完整美好的室内环境添姿增彩。

(四)床上用品类织物

床上用品类织物是品种最繁多、涵盖面最广的一类室内装饰织物,多用于家居空间以及公共空间中的宾馆、洗浴中心等地。床上用品类织物由柔软的纤维材料织成,具有松软的触感,能给人们创造舒适的睡眠环境,从而有效地帮助人们消除疲劳感、恢复体力。床上用品类织物的品种、款式各具特色,具有御寒保温的功能,能够形成一个温暖舒适的睡眠空间,防止体表温度和热量的散失,保持人们睡眠需要的适当温度。

床具是卧室中的主体家具,床上用品类织物的色彩图案自然就成为卧室的视觉焦点。明快稳重的蓝白色条纹可以为室内环境营造一种愉快的英伦氛围,绚丽的图案可以使床具的形态更加优美丰富。此外,棉麻合成床上用品类织物具有体感舒适、透气性强、粗犷又不失温柔的特点,如果与室内羊毛地毯形成色调上的统一,就可以在强化卧室装饰风格、情调的同时创造出室内环境的和谐之美。

(五)家具覆面类织物

家具覆面类织物是指在现代家居空间、公共空间和交通工具中的沙发、椅凳及其他家具表面的覆罩装饰类织物,如沙发、椅凳的靠背和椅面用料。家具覆面类织物通常以织物的色彩图案呈现家具的外观面貌。在形式上,覆罩在桌几表面的台布类装饰织物与床罩有许多相似之处;在风格上,家具覆面类织物是装饰织物中最富有装饰性的一类,与家具的风格特征联系紧密,可以增强室内环境的装饰性能。

室内环境中的家具在使用过程中易受到磨损和污染,还会因阳光照射引起色变、质变。而覆面类织物在起到装饰作用的同时还具有防磨损、防尘、防污的作用。因此,家具覆面类织物应易更换、易拆洗,以便保持家具良好的使用状态。在交通工具中,各种座椅类覆面织物的用途亦十分广泛,它们可以减少乘客频繁使用座椅造成的磨损,保护好座椅的外观,延长座椅的使用寿命。

室内环境中软装饰的成功之处不在于艳丽奢华的图案和色彩,而在于不同装饰材料体现的丰富质感。例如,亚麻材质的布艺沙发与人们的身体接触时,一方面其天然纤维质地可以使人感到柔软温暖，大大提高家具的舒适性；另一方面其坚韧的亚麻材质可以减少人体与家具反复接触时造成的磨损，保护布艺沙发的外观形象，并延长其使用寿命。家具覆面类织物的灵活可变性犹如家具的外衣，可随环境气氛、季节更替和心理状态的改变而更换，表现出不同的主题和审美特征。家具覆面类织物的用料一般具有良好的弹性及柔软性，覆于家具之上，能够使金属或木质的沙发、座椅、桌子犹如加上了一层纤维材料的外衣，改变了原来质地坚硬、冰凉冷漠的外观感受，给人以温馨亲切之感。

家具覆面类织物对餐桌的装饰也很重要。桌几类覆面织物在基本性能上都要具有相应的坚牢度、摩擦系数、稳定性、透气性和防污性。桌几类覆面织物所占面积较小，但种类很多，一般包括餐垫、餐巾、杯垫以及存放食物餐具的面包筐衬布、垫布、盖布等。桌几类覆面织物在餐饮环境中具有调节、活跃色彩气氛的作用，能够从多种角度展现出图案、色彩、肌理等美感，可以与餐具搭配出丰富的餐饮环境，给人们带来赏心悦目的感受。由此可见，家具覆面类织物不仅能塑造出艺术性的空间环境，还在日常生活中具有较强的实用价值。

（六）家用布艺装饰品

家用布艺装饰品是用各种织物制成的室内陈设物，通常以点缀的装饰手法出现，以丰富室内环境，包括布艺相框、布艺灯罩、布艺玩具、信插、挂饰、杂志架、各种筒套等。布艺装饰品通常以各种纤维为原料，通过不同的编织、刺绣、印染等工艺技法制作而成。较金属塑料等硬质装饰品而言，人们更愿意选择布制的浪漫的碎花格子灯饰、风格鲜明的个性相框、便于收纳的信插、造型可爱的玩具来布置家居空间环境，提升室内环境的宜人指数。质地柔软、造型可爱的布艺装饰品虽体积小，但种类很多，不仅可以柔化室内空间生硬的线条，而且可以与室内环境中其他装饰织物相协调，共同赋予居室温馨的格调。

三、室内装饰织物的材质特征

室内装饰织物从属于整个室内环境，是实用性与艺术性相结合的产品，主要通过在生活环境中的应用，以花纹、色彩、款式、材料质地和织纹肌理等，带给人们视觉、触觉等感官上美好的享受。作为室内设计中的主要软质材料，室内装饰织物较其他材料而言具有更多独特的性能，而这些性能取决于其材质特征。又因其材质特征源于纤维肌理和加工工艺两方面，故室内装饰织物兼具实用功能与审美功能。室内装饰织物设计者可以在设计中通过对材料性能的充分认识与挖掘，使材料本身显示出设计的感染力，从而增强室内装饰织物外观的质感美。

（一）纤维肌理

室内装饰织物是室内设计的重要组成部分，对营造室内氛围具有重要作用，是可以丰富人们想象力的新的视觉和触觉材料，是现代材料设计的重要领域。纤维肌理是室内装饰织物材质特征的根源。人们之所以对纤维有一种与生俱来的认同感，是因为人类本身就是一种纤维组织体。室内装饰织物的纤维一般分为天然纤维和人造纤维两大类。在室内装饰织物材质纤维肌理的发展历程中，人们对天然纤维肌理的使用历史要比化学纤维肌理久远得多。室内装饰织物的纤维肌理质感主要有棉、麻、毛、丝四种类型，具有温暖的触觉特性，常常带给人们舒适与安全的感受，这也是人们认同纤维的重要生理与心理缘由。

不同纤维材料构成的室内装饰织物可以给人们带来不同的心理感受。棉，柔软、轻松、朴实；麻，粗犷、古朴；毛，光泽柔和、蓬松丰满；丝，细致柔滑。室内装饰织物的柔软质地能够在视觉上给人以亲近感，增强室内的温馨气氛。室内装饰织物的这种特质像是为室内环境穿上了一层柔软的衣服，改变了室内环境原来质地坚硬、冰凉冷漠的外观效应，赋予了室内环境肌理的舒适特质，带给人们温馨亲切之感，拉近了室内环境与人之间的距离。

（二）加工工艺

建筑学家瓦尔特·格罗皮乌斯（Walter Gropius）在包豪斯建校宣言中提出了"使艺术与技术达到新的统一"的设计思想、宗旨，从理论的视角把工艺技术因素强化到了与艺术表达并驾齐驱的高度，这奠定了工艺技术在现代艺术设计中的地位。在室内装饰织物的制作过程中，因创作意向、实用功能、材料选用的不同，多姿多彩的工艺造型方式被创造出来。装饰织物的制作工艺，如印花工艺、提花工艺、绣花工艺、植绒工艺等，都有特定的物化形态及美学价值。因此可以说，不同的加工工艺丰富了室内装饰织物的材质特征，使其在装饰效果上发生了变化，从而使不同工艺品种的装饰织物形成了独特的视觉审美效果。

使染料或者涂料在丝绸织物上形成图案的过程被称为"丝绸印花"。丝绸印花装饰织物面料精致、光洁、整体性突出。在中式风格的室内环境中，牡丹、龙凤图案的丝绸面料装饰织物与中式家具相互配合，突出了室内环境的中式风格韵味。提花工艺即通过机械加工形成凹凸花纹，能够使面料表现出来的图案具有厚实的凹凸质感。同时，由于花纹密实耐磨，具有耐磨损、防尘、防污的特点，提花工艺十分适用于家具覆面类的装饰织物。

一般来说，印花、绣花工艺的装饰织物，因其质感细腻、风格特征突出，适用于床品类装饰织物；而提花、植绒工艺的装饰织物，因其质地厚重、具有耐磨损等，适用于分隔区域类的窗帘、布艺沙发等覆面类装饰织物。总而言之，在室内环境中，应按照不同区域的使用需求选择不同材质、花色、风格的装饰织物，使其兼顾实用与审美功能，营造和谐统一的室内环境。

四、软装饰与室内环境的协调手法

建筑的功能特性决定了不同类型的室内环境，而室内环境中的不同功能区域限定了软装饰类型的选择。软装饰与室内环境的协调关系是室内设计的核心问题，也是室内氛围设计的前提。离开了这个前提，室内环境的协调就无从谈起。软装饰与室内环境协调的基本原则即从整体入手，保证装饰风格的一致性。软装饰与室内环境整体色调的和谐是基础，软装饰与室内环境中其他装饰元素的统一则是必要条件。通过上文对室内装饰织物的详细分析，可总结出软装饰与室内环境的协调手法。

没有主题的作品，人们欣赏不来。同样的，没有主题的室内软装饰，也只是零碎材料的堆砌体。德国哲学家亚瑟·叔本华（Arthur Schopenhauer）对风格的定义是"心灵的外观"，意思是：讲风格就要注意它的双重意义，即它的"外观"和"心灵"。既要掌握它的形式，又要了解背后的内容，包括它的历史性、哲理性和具体的人性。风格从本质上讲是指创意、表现手段、技术、材料的统一及其体现出来的共性，是识别和把握不同作品之间区别的标志。

室内装饰的创意性特点体现在多个方面：一是装饰的材料和装备的选择具有创造性和灵活性，不仅要选择实用的材料，还要发挥其美学功能，同时要符合整体设计方案的艺术形式；二是在体现室内装饰形式美的规律的同时，要和整体设计相协调。室内环境中软装饰的创意与表现手段，形成了某种特色鲜明的秩序被人们所认知，并与所装饰室内环境的其他装饰元素组成和谐统一的有机体，共同作用于室内环境整体氛围。统一的装饰风格能映射出和谐的设计理念，是软装饰与室内环境协调关系的核心。

地中海风格的整体色调以白色、蓝色为主，因此地中海风格的软装饰应以极具亲和力的棉质表面、纯美素雅的海蓝色花纹以及蓝白条纹图案，配合室内墙体的黑白格子拼接装饰图案与连续的拱门、马蹄形窗营造出浓郁的海洋气息。对于久居都市、习惯了城市喧嚣的现代人而言，开放通透的建筑结构以及自然光线配合下的软装饰共同打造了地中海装饰风格，表达了自由的精神内涵以及乐享生活情趣的人生哲理。

现代美式田园风格中的软装饰以清新自然、简朴的花卉图案为主。在室内环境清新、明朗色调的映衬下，花卉图案零星地点缀于多种朴素的软装饰之间，线条随意但注重干净干练，带着清新的乡村气息，只需看上一眼，自由奔放、温暖舒适的感觉就会油然而生。装饰壁布以细腻的灰蓝色为基调，在浅色花纹的映衬下，进一步凸显出室内环境的田园装饰风格。布艺沙发上简洁的花纹图案搭配具有浓郁乡土气息的深褐色实木家具，使家居空间在拥有典雅端庄气质的同时又带有鲜明的时代特征。总体来说，美式田园风格的软装饰强调惬意和浪漫，配合精益求精的细节处理，既简洁明快，又便于打理，在摒弃了烦琐与奢华的同时兼顾造型与功能，使整个室内环境平和且富有现代气息，带给人们无尽舒适的感受。

许多人把色彩称为"最经济的奢侈品"，正是因为有了色彩，人们生活的环境、生存的世界才变得丰富多彩。作为室内环境中重要的装饰元素，软装饰的色彩美感是营造室内环境整体色调氛围的重要因素。在室内环境中，色彩是一个重要的装饰元素，合理的色彩搭配可以使室内空间更加生动、和谐。此外，不同的色彩可以使室内环境产生不同的视觉感受，对人的生理和心理产生不同的影响。

色彩是营造室内环境氛围最生动、最活跃的元素，是能造成特殊心理效应的有效的装饰手段。不同功能的室内环境和不同的使用对象对软装饰色调的选取也不尽相同。在KTV、酒吧等公共娱乐空间，选择具有较高纯度、较强刺激性色彩的软装饰与灯光配合，可烘托出动感、活跃的室内气氛。例如，大面积金色与紫色的运用，能够使整个室内环境形成鲜明的对比，以达到活跃氛围的效果。这类室内空间的壁面多使用软包，在材质方面多采用表面经过特殊工艺处理的材料，以皮质纤维配合棉质填充物，具有阻燃、吸音、隔音、防潮、防油、防撞等功能。

对于家居私密空间，需要考虑室内环境的隐私性、亲和力及使用者的心理因素。卧室中的软装饰多采用纯度较低、素雅、宁静的暖色调，以营造出静谧优雅的室内环境气氛，突出室内环境的私密性，给人以舒适、安逸的休息、睡眠空间。基于色彩美学原理，运用软装饰塑造家居空间的色彩，能够在满足人们视觉审美需要的同时对人们的生理和心理健康产生积极的调节作用。软装饰对家居空间色彩效果的塑造大都受其体量的影响，使其既可以作为主体色调影响室内环境的整体效果，又可以作为点缀色彩丰富室内环境的装饰内容。总而言之，色彩在很大程度上影响着室内环境的气氛和情感，左右着室内环境的总体效果，软装饰与室内环境色彩的和谐统一是营造宜人室内环境的基础。

一个没有家具或只有"硬性"家具而没有软装饰的现代室内空间是不可想象的，即使有那样的空间存在，其功能也绝对不能满足现代人的生活需求。由此可见，家具与软装饰是共同构建室内环境的重要元素，并且二者之间存在着紧密的联系。

宽大的客厅通常需布置得典雅、舒适、和谐。例如，以明代家具元素为基础并按照现代风情改良的红木茶几与座椅，与布艺沙发共同营造出一个充满中国文化情调但又不失时代气息的室内环境。布艺沙发与抱枕的独特设计，简洁干净不乏现代气息，而且细节之处的软装饰元素起到画龙点睛的作用。抱枕的色彩以中国红为主要装饰元素，色泽清新艳丽，点缀团花刺绣工艺的丝绸材质表面柔滑、含蓄隽永，雍容华贵的花形体现出居住者的不凡品位。软装饰与传统中式家具格调的统一，使整个中式室内环境犹如一个婀娜多姿的古代美人，在含蓄地表达她的美，其演绎出的新中式室内装饰风格别有一番韵味。

软装饰与室内环境的风格、色彩、家具方面的和谐统一状态，是通过运用协调手法，将装饰元素按照一定的秩序进行组合设计，使室内环境各部位形成有机整体而实现的。充分发挥软装饰对室内环境的作用，做到与环境切入、融合，是室内环境氛围营造的关键所在。

总而言之，软装饰在满足人们基本需求的同时，以审美原则为基础，直接影响着室内环境的氛围设计。

第二节　软装饰对室内环境氛围的营造

室内环境的氛围和品质往往要通过室内饰品来表现和强调。一个只有装修而无艺术性陈设的空间如同没有灵魂的躯体，具有优雅美感和卓越品位的室内空间才是室内设计的重中之重。室内设计是在满足功能要求的前提下，对各种室内物体的形、色、光、质的组合。这个组合是一个非常和谐统一的整体，每个"成员"都必须在艺术效果的要求下充分发挥各自的优势，共同创造一个高舒适度、实用性、高精神境界的环境。软装饰作为室内环境中装饰材料的新兴元素，对室内环境氛围的营造起着重要的作用，对室内设计的成功与否有着重要的意义。可以说，软装饰是室内氛围的基调，与室内风格、色彩以及家具共同打造和谐的室内环境。

软装饰是装点室内环境、加强室内环境艺术气氛的重要手段。不同的软装饰在室内环境中的作用和效果都不一样，选用合适的软装饰对加强室内环境的艺术气氛有重要作用。软装饰具有较强的适用性，能够适用于室内环境中各种用途、形体的变化。软装饰的可塑性及装饰性也比较强，有着巨大的表现力和无穷的魅力。由于软装饰的材质、性能以及工艺手段等因素，软装饰成为室内环境中最具亲和力的部分，我们无法想象生活离开软装饰会是什么情景。软装饰是人们在现代室内环境中追求亲切感、柔软性及某种文化风情的象征性装饰物，其地位是无法代替的。软装饰的价值体现在既可以满足基本实用功能，又可以为人们创造出舒适安逸的物理环境和心理环境。多数情况下，室内环境的空间功能和表现形式都要依靠软装饰来实现。

一、软装饰对物理环境氛围的营造作用

室内物理环境是由建筑结构围合的，配合家具以及软装饰等元素组成的实体空间。软装饰对物理环境的氛围营造就是对室内环境的形象进行设计。基于软装饰纤维材质特殊、功能用途广泛以及工艺变化多样的特点，在对物理环境进行设计时，应根据室内环境的整体结构、风格特征、色彩基调及家具特征选择合适的软装饰，进行协调搭配。

以地面铺装类织物地毯为例，其在家居空间和公共空间中的配置就不尽相同：家居空间中家具种类繁多，起居室和卧室以素色四方连续花纹地毯为主，玄关、走廊部分常

铺设单色或条状地毯；在宾馆、饭店、大型会议厅等庄严正式的场合，不宜用过于招摇、花哨的地毯，在大型厅堂内常铺设宽边式构图的地毯，以增强室内的区域感；在 KTV、餐厅、咖啡厅等娱乐空间中，可以选择活泼、绚丽的地毯。总的来说，软装饰的题材、风格或者图案、色彩的选用均应以室内环境为基调，符合空间功能的要求。以软装饰为途径营造物理环境，可以改善空间结构，打破千篇一律的空间形式，创造出别样的空间形态。

私密空间和共享空间相反，是为少数人甚至是个别人提供休息与睡眠的场所。有人说："到处都好，但家里最好。"只有回到家，人们才能够彻底放松，得到充分的休息。软装饰以其自身独特的材质构造、柔软的特性，在触觉、视觉上给人们带来安全、舒适的心理感受，能够唤起人们对大自然原始的依恋。因此，软装饰对家居空间环境氛围的营造应该围绕私密性、个别性、舒适性等特点进行，以塑造出温馨的家居空间。软装饰作为室内环境的缓冲过渡层，能够营造出家居空间应有的温暖氛围，其具体的家居空间营造作用有以下几点。

（一）营造家居空间艺术特征

由于软装饰在室内环境中的覆盖面积较大，其棉、毛材质肌理对室内环境的温暖感和私密性有着重要的营造作用。棉质软装饰除了赋予布艺沙发以视觉美感，还满足了人们对沙发安逸舒适性能的基本需求。具有时代气息的金灰色软包、轻柔的白色羊毛地毯以及舒适的羊羔毛沙发表面无不诠释了都市的时代感，同时体现出居住者时尚前卫的现代气息。在这里，软装饰已不再是建筑内部环境的附属品，它以独特的材质肌理、图案色彩构成了室内环境的灵魂，满足了居住者所需的某种思想和主题。整个室内环境通过软装饰的渲染后，如画龙点睛般注入了灵魂，使家居空间环境具有灵性。

气氛是指洋溢于整个室内环境中的特殊的神韵，是通过空间形象及一系列的元素从整体到局部综合地表现出来的性格特征，如庄严、隆重、朴素、大方、清新、华丽、明快、简洁等。一席地毯、一挂织锦、一方抱枕的作用不单是对材质、界面的柔化，还包括为人们的心灵带来温暖，营造出浪漫温馨的氛围。总的来说，软装饰在室内环境中各个区域的运用使空间充满亲切感、生机和活力，缓解了硬质材料以及几何体空间给人们带来的沉闷、呆板的感受。另外，软装饰的材质肌理细腻柔和，自身形态也能随需要千变万化，这是其他室内建筑构件、设备器具所不具有的特质。

（二）丰富家居空间层次关系

空间具有固定、不易移动的特性，一般情况下其原始形状很难改变，而利用软装饰来重新划分空间，使其层次丰富，是一个既经济又实用的方式。目前，争取流动、可变性强的家居空间是现代室内设计的流行趋势。由墙面、地面、顶面围合的看得见、摸得着的实体空间在一般情况下很难改变其既有形状，除非费时费力费钱地进行改建，但这一举动有悖于室内设计的初衷。然而，软装饰易更换的便利条件满足了人们对室内环境改造的要求，这也正是软装饰风靡的主要原因之一。在家居空间中，悬挂装饰窗帘等软装饰，可以营造出"隔而不断"的幽深意境。换言之，利用软装饰对家居空间进行分隔创造出的虚拟空间，先在人们心理上起到划分空间的作用，然后增强了空间的灵活性和可控性，在功能上细化了室内环境，提高了空间的利用率，增加了家居空间的亲切感和私密性。这既解决了实体空间的某些弊端，又提高了空间的利用率。由此可见，软装饰的介入使家居空间更富层次感，使空间的使用功能更趋合理，使整个家居空间充满了生机和人情味。

软装饰是从人们的视觉和心理情感方面来丰富空间形态的。在视觉上，软装饰使室内环境形成了领域感；在心理上，软装饰带给人们情感上的归属感。例如，在书房的工作区域铺设装饰地毯，可在视觉上和心理上设立一片独立的工作区域，从而使人们自发地形成心理空间。因此可以说，软装饰不仅可以在视觉上丰富室内环境层次，还可以对人们进行暗示。

（三）赋予家居空间精神价值

在如今这个多元文化相互渗透的年代，软装饰的作用也在不断变化。对于那些大胆的、富有冒险精神的人来说，一面空白的墙壁可以为他们提供将自己放纵在无尽幻想中的机会。壁面彩绘能够与蓝白色调的床品形成和谐统一的色调，带给人们清新淡雅的视觉感受。家居空间往往是具有主题文化的，当人们居于高雅、优美的环境中，自然会产生无限的愉悦感。软装饰除了具有基本的实用性和装饰性，还能从侧面彰显居住者的品位修养、职业特征以及个性爱好。软装饰是居住者自我表现的手段之一，能够反映其品位格调、个性爱好，犹如人们的字迹一样各具特色。因此，软装饰能够在视觉上为人们增添审美情趣，在精神上陶冶人们的情操，在提升室内环境美学价值的同时，赋予室内环境精神价值。

公共空间是家居生活之外的又一常见空间，是城市面向大众开放使用，进行各种活动的空间场所。在现代公共空间中，软装饰的氛围营造作用受到了越来越多的关注。

1.商业空间

商业空间种类繁多，既有综合类的大型商场百货、自选超市，也有独立的服装、珠宝专卖店。一般来讲，商业空间的软装饰设计旨在突出商品，帮助商家获取利润，因此相应的软装饰设计要充分考虑对应商品的特点、卖点，以吸引购买者的目光。在商业空间中，为了营造商业街或节日的气氛，往往会在中庭共享空间运用帷帘、丝绸等软装饰以及装饰球体等悬挂物烘托商业空间的时代感和主题感。商业空间中的临时休息区域也是值得着重进行软装饰设计的重要空间。只要成功设计这一区域，就可以为顾客提供免费的休息场所，使顾客在购物疲累之时得到适当放松。特别是在综合性商业空间兴起的今天，临时休息区域的重要性丝毫不亚于纯商业环境。另外，如果休息区域的软装饰设计较为成功，就可以在无形之中增加顾客在商业空间停留的时间，增加顾客潜在的消费可能，从而创造新的消费利润。

2.餐饮空间

餐饮空间主要是指餐馆、酒吧、咖啡屋等空间。在当下，主题餐饮空间吸引了不少人群的目光。例如，在"璀璨天竺"主题餐厅中，色彩鲜艳的帷幔被运用在天花板和墙壁的装饰部分，配合极具印度风情的橘色、天蓝色墙面以及彩色马赛克拼砖，使顾客犹如漫步在南国异域。"璀璨天竺"主题餐厅的软装饰设计以精简的艺术表现手法代替了繁复的硬质装修工艺，在软装饰的材质、色彩上大做文章，在美化室内环境的同时赋予了餐饮空间精神价值和主题特色。通过软装饰对餐饮空间整体氛围的烘托，能够体现餐饮空间的民族地域特色，创造出全新的集"色、香、味、触"于一体的餐饮空间环境。

3.娱乐空间

娱乐空间是一个能够满足人们宣泄情感、增进关系、愉悦身心、放松身体等需求的多功能空间。这样的空间既可以是电影院，也可以是酒吧、KTV、手工制作室等。娱乐空间的软装饰应依据该场所的风格特征或配合当季的主题进行设计。例如，KTV 室内设计为时尚、华丽、高品位的欧式古典风格，那么在软装饰色彩设计上，应选用华丽的金银色系和耀眼夺目的正红色，诠释欧式古典风格的高雅。娱乐空间中的软装饰设计在功能上增强了包厢内部的音效，配合欧式家具的造型以及绚丽的灯光，将 KTV 包厢塑造成时尚、新颖的舞台，在丰富人们视听觉感受的同时营造一个赏心悦目的室内环境。总而言之，娱乐空间中的软装饰不仅有一定的装饰功能，还要考虑对受众的心理影响。

因此，软装饰的题材、风格或者图案、色彩的设计都要符合娱乐空间的主题风格，与娱乐场所的氛围相契合，满足人们的内心需求。

二、软装饰对心理环境氛围的营造作用

心理环境是指人们在特定时间、空间内的内心体验。虽然建筑物的构造决定了室内物理环境是既定不变的，但是人们的心理感受会随环境事物的变化不断改变。软装饰作为室内氛围设计的重要元素，具有较强的适用性，可以为人们创造良好的物理和心理环境。当室内物理环境不能满足人们需求的时候，就要通过软装饰的材质肌理、色彩图案来调整物理空间的视觉和触觉效果，以满足人们的心理需求。

（一）色彩心理暗示

俗话说："远看色，近看花。"色彩是所有视觉要素中最能打动人、最先声夺人的要素。当进入一个空间环境时，人们所能感受到的整体氛围主要来自家居配饰、色彩搭配及空间照明。而在这些要素对人的影响中，色彩往往对人的影响更大。色彩作为最感性的视觉要素，在软装中起着举足轻重的作用。换言之，在一个既定的室内物理空间环境中，软装饰的色彩图案所营造的心理环境对人们的视觉效应是十分重要的。因为在影响视觉效应的众多要素中，色彩最先进入人们的视野，也是最具有感染力的，是最直接且最迅速地表现空间形象的要素之一。

有研究成果表明，人们的身体状况和精神状态在很大程度上与他们所在的室内环境的色彩有关。例如，紫色会使孕妇感到安定，淡蓝色对高烧病人有稳定情绪、逐步退热的好处，赭石色则有助于低血压患者升高血压。从色彩上讲，暖色产生热，带给人们扩张感，冷色会产生凉薄感，素净的彩灰色系则给人质朴、含蓄之感。这就是软装饰的色彩对人们心理环境的营造作用，它能够戏剧般地改变人们对物理环境的认知。因此，软装饰材料的色彩心理能够有效地在视觉上弥补室内物理空间环境的不足，决定人们的视觉效应，调节人们的心理空间。

大面积开敞的室内环境会使人感到空旷，让人缺乏安全感，而选用带有前进感的橙黄色系作为基调进行大面积布置，能够填补人们心理环境的空缺。相反地，小面积的室内环境要选用带有后退感的冷色系作基调，以扩大视觉上的空间感。总之，调和色和邻

近色对人们的心理环境起到平衡作用,而相互排斥的对比色只适合运用于活跃的室内环境气氛。

（二）图案心理暗示

图案心理暗示是软装饰另一个表达空间形象感受的要素。提到图案,人们会不禁联想到格子、条纹、花卉、动物等。软装饰的图案所形成的节奏、韵律同样影响着人们的视觉效应所营造的心理环境。运用一种或多种图案进行有规律的连续重复排列,就形成了连续的韵律;让连续的图案按一定秩序变化,就形成了渐变的韵律;将图案的各个组成部分按一定规律交织穿插,就形成了交错的韵律;等等。只要软装饰的图案具有连续性和重复性,并有意识地应用韵律法则,就能得到优美和谐的韵律感和节奏感。

软装饰图案的完美和谐,在一定程度上取决于人们的视觉感受。在软装饰图案中:直线形带给人们挺拔、刚直的感觉;而曲线形则给人们以柔软、飘逸的感觉,是所有线条中最能引起心理机能协调的线条;格子图案在视觉表现形式上给人以稳定之感,在风格上突出英伦风,能够在一定程度上反映室内环境的装饰风格。如果格子图案与几何图案相结合,可以使整个画面丰富而具有层次感。

一般情况下,开敞型空间多使用花色明显、图案较大的软装饰,用以形成空间的节奏感,丰富人们的视觉层次;而小户型的空间多采用细纹暗花类图案的织物,以给人们带来柔和、舒适的视觉感受。

（三）材质肌理心理暗示

在室内设计中,软装饰通常处于视觉中心位置,并且会与人们的身体直接接触。在烘托室内环境气氛的同时,软装饰的材质肌理也对人们视觉、触觉方面的影响具有重要的心理暗示作用。

研究可知,软装饰特有的纤维材质具有亲和力,能够使人产生触摸的欲望,直接影响人们心理环境的营造。人们对软装饰触觉感受是在对比下产生的。床上用品光滑的丝质纤维、地毯毛绒的温暖触感与软包纹路凸起的皮革质地具有鲜明的对比性,这些软装饰具有变化丰富的材质,能够带给人们不同的触觉感受。软装饰给人们带来的粗糙与光滑、柔软与坚挺、凹凸变化的触觉感受源于不同的纤维材质、不同的制作工艺及不同的处理方法形成的不同材质肌理效果。这是软装饰一个特有的性能,其所产生的触觉影响效果与视觉效应对心理环境的营造作用同样重要。

第三节　室内环境中的软装饰设计

一、软装饰在室内环境中的功能设计

（一）空间分隔的功能设计

在室内设计中，根据功能的需要，有必要对已有的空间进行功能需求的分隔。传统的分隔方式往往会采用硬质的墙体，这种分隔方式的缺点很多，无法满足人们的需求。而软装饰的设计可以在后期利用材料的色泽、质感、形状等元素再进行分隔，充分利用软装饰的兼容性、灵活性和流动性等来合理组织和安排空间布局。例如，可以通过隔断、屏风、玄关、灯光、装饰品、绿化等变化达到划分空间的目的，完善室内分隔的功能设计，使空间的利用率得到提高。

（二）个性化的功能设计

硬装修是室内装饰的基本构造，而软装饰是我们精神世界在室内设计中的物化。家居装饰品是寓情于物的便捷途径。在这个主张个性化的时代，特别是在居住空间设计中，通过居室软装饰物品可以创造不同业主的个性空间。所以，现代人都重视创意的表现，力求打破常规的居室装饰方法，通过各种手段使居室的软装饰风格趋于个性化、趣味化。

（三）装饰性的功能设计

软装饰在室内设计中的装饰功能，就犹如公园里的花、草、树、木、山、石、小溪、曲径、水榭一样，离开了这些物体，不仅不能给人们带来美的享受，也会使公园失去存在的意义。同样，室内软装饰不仅可以充实其使用功能，更能对室内的整体设计起到画龙点睛的装饰和美化作用，赋予室内空间生机与审美价值，增强视觉美感，通过一些好看的装饰物的色泽、肌理、图案等给人以视觉美感，使空间里面的物体与环境协调统一，从而达到装饰美的目的。

（四）烘托的功能设计

室内软装饰的烘托功能设计，是在室内的硬装饰完成后，利用软装饰的造型形态、色彩的情感表达、材质的肌理效果等一些特性，进一步起到烘托室内的风格气氛、创造室内环境的意境、完善设计功能的作用。因此，室内家具、工艺品、绿色植物、织物、灯具等软装饰物品的选择、摆放、应用都会在室内环境中发挥出烘托空间艺术效果的作用。

二、软装饰在室内环境中的形态设计

（一）软装饰形态的整体性设计

软装饰形态的整体性设计是指在整个室内设计中，各种软装饰物品的形态（不单指形状，也包括色彩、材质等元素）都要与室内整个环境统一。由于室内设计中要涉及很多不同形态的软装饰物品，这些不同的装饰物品如果在设计应用上不合理，就会使软装饰形态缺乏整体性，从而造成室内装饰杂乱的现象。如何将这些软装饰物品的形状、色彩、材质与室内空间环境合理地进行搭配，成为一个必须面对的问题。为什么一些房子刚装修完以后很好看，但是业主一住进去，家具一摆，就面目全非了？为什么有些房子的装修一般，但是摆放完家居陈设品后，效果却特别好？这两个问题的产生就与软装饰形态的整体性设计有着密切的关系。

（二）软装饰形态的系列性设计

软装饰形态的系列变化是渐变、呼应、层次、统一、和谐、整体等形式法则的主要表现。各种软装饰都有其自身的系列性，如地毯有地毯系列，靠垫有靠垫系列，床罩有床罩系列，窗帘有窗帘系列。此外，窗帘和墙纸可以构成系列，窗帘和挂画可以构成系列，靠垫和沙发可以构成系列，窗帘、床罩、枕垫也可以构成系列，甚至软装饰和室内的其他物件如家具、灯具、器皿、大件陈设物等都可以构成系列，从而形成统一风格。

软装饰形态的系列性可以通过相同材质的设计来形成，也可以通过相同的造型设计来形成，还可以通过色调的统一来完成。

（三）软装饰形态的多样性设计

软装饰涉及的范围较广，采用的物质材料种类繁多，构成形态各异，色彩也十分丰富，因此室内软装饰形态的多样性设计十分重要。室内软装饰形态的多样性设计会给室内环境带来视觉和心理上的丰富变化。但是，在设计应用时应该注意，软装饰形态不宜太复杂，变化不宜太多，不然容易造成室内环境的杂乱。

三、软装饰在室内环境中的材料设计

软装饰材料在实现室内设计效果方面有着无可比拟的优势，只有了解或掌握软装饰材料的性能，按照整个室内装饰材料的功能需求和风格特点合理选择需要的软装饰材料，才能使室内环境艺术设计更优秀。

（一）软装饰材料的特性

软装饰材料的主要特性如下：

（1）种类繁多，材料的色彩和图案变化丰富，具有较多的艺术元素，附加价值高，能满足现代室内设计的各种不同需要。

（2）施工简便、快捷，保养、维护、更换及清洗方便。

（3）相对于硬装饰材料而言，软装饰材料在设计加工方面成本更低，很多材料可以再利用，节省了资源，充分体现了可持续发展的设计观。

（二）软装饰材料选用的一般原则

1.满足功能的原则

在选用软装饰材料时，首先应考虑其与整个室内环境设计相适应的使用功能，这样才能使这些软装饰材料更好地发挥丰富室内空间、体现风格特点、营造环境氛围等作用。

2.增强装饰效果的原则

软装饰材料的色彩、光泽、形体、质感和图案等性能都会影响软装饰的效果，特别是软装饰材料的色彩、材质肌理、造型图案等对整个室内装饰效果的影响非常明显。因此，在选用软装饰材料时要合理运用色彩、材质、图案等元素，增强室内装饰效果，给人以舒适的感觉。

3.以人为本的原则

在设计和选择软装饰材料时，还要从有利于人们身心健康的角度出发，尽量选择具有一定隔音、隔热作用，并能控制室内噪声的原生态的材料。例如，室内绿植能对室内空气起到的净化作用，有利于创造安静、平和的室内空间，帮助人们更好地休息，提高人们学习和工作的效率。

4.安全舒适的原则

在选用软装饰材料时，要妥善处理软装饰效果和使用安全的矛盾，要优先选用天然和环保型材料，如不易挥发有害气体的材料、在使用过程中不燃或难燃的安全型材料等，努力给人们创造一个美观、安全、舒适的环境。

5.经济性原则

应尽量选择构造简单、施工方便、易移动和可再次利用的软装饰材料，这样既缩短了工期，又节约了资源和开支。

（三）软装饰材料的设计

以前的室内环境设计中也有与软装饰材料相关的设计，但是其所占的比例微乎其微，并未成为设计师和居住者考虑的重点。如今，国内室内环境设计中流行的"轻装修，重装饰"的设计理念使软装饰材料的设计和生产得到了大力发展，软装饰材料优势得以充分发挥。软装饰材料种类繁多、形式灵活多变的特性也为软装饰的设计提供了广阔的空间。虽然说现在室内设计有各种风格，软装饰材料市场上也有很多的成品与之相适应，但如何挖掘和利用软装饰材料的造型式样、色彩图案等去更好地表现室内环境的民族化、人性化、个性化和统一性，仍然是人们追求的方向。

1.软装饰材料的民族化设计

室内设计中的民族化风格应以传统文化为依托，取其"形"，延其"意"，传其"神"，把传统文化艺术的形式美、寓意美、智慧美和精神美逐步融入现代室内设计之中。软装饰材料蕴含的民族性可以通过软装饰材料的材质和图案体现。从材质方面来讲，只要充分利用本民族、本地域的一些材料来进行设计，就能体现一定的民族风格。例如：丝绸具有浓厚的江南气息，在室内大量使用丝质软装饰材料，会形成强烈的婉约风格；用竹木材料进行设计，可以体现四川、湖南地区的文化特点；用海南盛产的椰子壳进行设计，可以彰显强烈的地域文化特色。

2.软装饰材料的人性化设计

随着经济的迅猛发展和科学技术的飞速进步,人们的居住环境得到了很大改善,人们在追求休闲、宽敞与舒适的室内空间的同时,开始关心自身生理、心理及审美的需要。"以人为本"的人性化设计思想迅速贯穿整个室内设计界。室内环境设计更加注重安全性、舒适感、美观实用。所以,设计者在设计时选用什么材料、什么图案和色彩、什么比例、什么尺度等应该明确。在室内设计中,软装饰不仅要给人们带来安全感和舒适感,还要满足人们不断提高的审美需求,这样才能真正体现"以人为本"。

3.软装饰材料的个性化设计

个性化设计要求设计者在设计的过程中通过对软装饰材料色彩、图案和质感的把握,来展现个性化信息。与室内的硬装饰相比,软装饰在这一方面更具优势。这是因为软装饰材料选择范围广,种类丰富,在其色彩、图案及材质等方面都比硬装饰材料更容易加工处理。因此,人们对软装饰材料的选择和使用有了越来越明显的个性化倾向,以此来体现自己独特的个性化创意和想法。

4.软装饰材料的统一性设计

软装饰设计在室内环境的风格和艺术氛围的营造上起到了很重要的强化作用。室内设计中能应用于软装饰的材料是很多的,但是如果应用不当,也会造成室内的杂乱和不协调。因此,在设计和应用软装饰材料的过程中,应从整个室内环境的风格样式出发,使软装饰材料的材质、图案、色彩、造型等尽量得到统一,并与室内环境相协调。

四、软装饰在室内环境中的文化体现

室内软装饰设计师在创造一个既能满足功能要求又有艺术性和文化内涵的现代室内环境上进行了大量的探索,但在继承和发扬中国传统文化内涵,借鉴国外优秀文化思想,创造美好人文环境的同时,也不能忽略文化与情感的宣泄,对人性与生命的关怀,以及对生态环境与自然资源的保护。

(一)软装饰的人文精神

室内软装饰的人文精神是中国传统文化与西方室内软装饰的审美文化在室内装饰

领域的集中反映。物我一体、人天同构的"天人合一"精神，"道法自然、无为而无不为"的道家思想，"和而不同"的文化包容精神，以及关注自然环境、人类命运的人文主义、理想主义与理性主义等在室内软装饰领域的展现就是软装饰的人文精神。软装饰的人文精神，除了要求色彩、图案、材质等与其完美结合，还要求对不同的人的年龄、性别、文化素养、兴趣爱好等诸多方面进行较为全面的研究，体现不同层次人的内心理想与审美追求。设计师应通过软装饰设计来表达环境的审美倾向和人文精神。

（二）软装饰的文化内涵

1.传统文化内涵

我国是一个传统的东方国家，具有丰厚的文化底蕴。由于受到儒家思想、佛教文化等的影响，室内软装饰主要突出了传统的东方色彩和文化，以庄严典雅或灵性飘逸为主要特征，在结构装饰上注重展现东方端庄大方的气韵和丰满华丽的文采。例如，家具的摆放、图案纹饰的配置排列、字画古玩的悬挂陈设常采用对称、均衡的手法，以体现庄重典雅的特点。这种传统设计和巧妙的布局，正是东方文化的内涵所在。

2.多元化文化内涵

随着我国改革开放步伐的加快，中西方的文化交流不断扩大，西方开放式的审美文化与我国传统文化强烈碰撞，使得我国的室内软装饰文化呈现出多元化的发展格局。中国的设计元素深深地影响了室内设计中的各种风格。因此，了解不同时期、不同地域、不同国家的审美文化与装饰形式,将指导我们在文化层面上更好地认识软装饰的传统意义与多元化的文化内涵。

3.软装饰的精神情感

在室内软装饰的精神情感表达方面，往往需要运用符号学原理来抓住室内软装饰设计的本质及其与室内空间精神的内在联系。这种精神情感层面表达的元素形式更多地借用了物像的点线面、直曲方圆等所透露出来的意向性。进一步探索软装饰形式与符号学意义之间的关系，有助于为室内软装饰设计表现内在的精神情感提供新的设计符号。室内软装饰设计中的应用方式有很多种：有对具有符号意义的装饰与文化元素的直接运用，如对软装饰物品中寄寓物象性、哲学观念与宗教信仰等社会思想；也有通过相应的装饰形式来表现刚柔并济、聚散合分等精神情感。

第六章 现代室内陈设设计

第一节 室内陈设设计的定义与作用

一、室内陈设设计的定义

室内陈设主要指通过对室内物品的摆放、设置和陈列，提升室内空间观赏度的一种装饰手段。与室内陈设相匹配的陈设品，是指用来美化或强化室内陈设视觉效果的物品。陈设品通常具有品种多样、内容丰富、涵盖广泛等特点。

广义上的陈设品涵盖了室内除建筑工程之外所有可以提升室内空间观赏度的物品。狭义上的陈设品则单纯指那些具有观赏价值或文化寓意，可以用来摆放的，以提升空间美化度和观赏感的物品。

室内陈设设计指的是设计师按照客户要求，经过专业设计，结合室内环境、房间设置、功能需求等现实情况，通过对室内物品的摆放搭配，提升房间的整体感观和视觉效果，达到兼容和谐舒适与艺术氛围的理想效果。

二、室内陈设设计的作用

室内空间对人们来说非常熟悉，它就是民众日常生活和交往的活动场所，既包括个人的家居空间，也包括人与人交往的公共空间。室内陈设设计是指依附于室内空间实践活动，根据人的实际需求，进一步完善对空间关系的布局和塑造的设计活动。

（一）改善室内空间形态，丰富室内空间层次

在现实生活中，受建筑格局、室内设置等因素的影响，有的建筑线条过于生硬，整

体缺乏灵性，长时间在这样的环境中工作生活，人们难免感到单调冰冷、枯燥无味。室内陈设计可以发挥自身的灵活性，在原有一次空间的基础上规划具有不同活动区域的二次空间。这样做可以优化原有空间资源，丰富空间层次。

通过室内陈设，利用绿植、摆件、个性装饰等陈列物，按照特定的方式进行排列和摆放，可以让室内空间变得色彩亮丽、生动活泼、富有情趣，达到有效改善室内空间视觉效果、提升感官享受的目的。

除此之外，利用室内陈设物对空间进行分隔也是改善空间的有效方法，既可以增强空间的私密性和亲切度，又可以有效地引导人们的活动。通过对室内灯饰、家具、绿植等物品的摆放，可以使室内空间更加合理、舒适，在提升空间层次感的同时改善视觉感官。例如：在书房内，利用办公桌与书架，划分出学习的空间；在展示空间内，根据需要，利用可移动的隔断的家具、珠帘、植物等，划分出不同的展示区域。

（二）柔化室内空间感受

随着现阶段建筑水平的飞速提升，越来越多的钢架结构、玻璃幕墙、合金板材等建筑材料充斥于建筑当中。而这些材料的广泛应用，让本就疏离的城市变得更加冰冷。室内陈设计可以根据室内空间使用意图，利用各种造型多样、风格不同、色彩鲜艳的室内陈设品，采取不同的方案，营造出不一样的室内环境气氛，有的放矢地柔化空间感受，改变空间体验，赋予钢铁建筑勃勃生机。

不同用途的陈设品，对人们视觉的感染力也是不同的。例如，传统古玩字画可以营造出高雅的文人气氛，卡通漫画形象可以营造出天真欢乐的氛围。柔化室内空间是为了改变原有室内装修给人们带来的沉闷和呆板的感觉，也是为了进一步协调和美化环境，拉近空间与人的关系。室内陈设计可以利用布艺、家纺、植物等带有柔软质感的陈设品，以多姿的曲线、丰富的形态、丰富的色彩柔化空间，使室内空间充满温暖亲切之感。

（三）表现室内空间意象

出色的室内设计，往往需要设计师针对项目量体裁衣，按照客户要求的风格或特定的主题，有针对性地进行设计。在设计方案与建筑风格相矛盾的时候，需要借助室内陈设物调节两者之间的矛盾冲突，充分利用陈设品的自身特点，在二者之间找到一个中立点，起到画龙点睛、锦上添花的作用。

（四）营造室内空间氛围

在日常常见的陈设品当中，多数具有较强的视觉感知度，这也更便于陈设品在室内环境中营造预期的氛围。而室内空间氛围的营造，能够有效改善空间环境带给人们的视觉效果和总体印象，无论是轻松愉悦、热情奔放，还是庄严肃穆、清新高雅，每一种营造的氛围都能够赋予室内环境特定的主题和思想。

（五）强化室内空间风格

室内空间风格多种多样，陈设品搭配的合理组合和恰当摆放，是室内空间风格确立的关键。陈设品的种类、形态、材质、色彩等具有独特性，左右了室内陈设的视觉效果，更直接决定了室内空间风格。

（六）体现地域文化特色

由于地域文化差异，陈列品的外表形态、风格、内涵等特征各不相同，所代表的室内环境风格也迥然不同。例如，江南地区把旧时门头作为室内装饰，东北农村把农具作为室内陈设，都是具有鲜明地方特色的装饰习惯。所以，在改善室内环境的过程中，需要充分考虑地域特点和文化习惯，有侧重地利用具有地区文化特点的陈设物完成室内环境的陈设设计，从而更加贴切地体现地方特色，满足客户需求。

（七）反映历史文化

陈设品的内容反映了各历史时期的生产水平。在我国，陶器、青铜器是先秦文化的象征，瓷器、织锦等是唐宋文化的体现，高足家具是宋元以后生活形态的反映……陈设品以历史文化艺术为内涵，往往反映了一个民族的文化精神。

（八）展示个人喜好，营造室内情趣

由于地理环境、历史文化等其他方面的差异，人们形成了不同的审美理念和文化特征，因此不同的人会对不同的室内陈设风格有所倾向。室内陈设在展示个体爱好的同时，还可以帮助人们彰显个性、享受生活。例如，酷爱音乐的人的房间通常会摆放一些音乐器材或在墙上张贴偶像的海报，喜欢绘画的人往往会在自己家中陈设一些美术作品等。

设计师或客户对室内陈设方案的意见，可以直接反映其审美取向。特别是对陈设品的选择，可以直接体现选择者的兴趣爱好、生活习惯、欣赏品位、文化修养、职业特点等个体特性。设计师可以挑选格调高雅、造型独特、创意新颖且具有深刻文化内涵的陈设，通过组合搭配营造不同风格、不同情调、不同欣赏水平的室内环境。在室内陈设设计兴起的今天，个性化的陈设逐渐受到年轻一代的青睐。

所以说，室内陈设设计是室内设计中不可或缺的重要部分，其中很大一部分原因是室内陈设品的选择对室内陈设设计的影响很大。陈设品自身所具有的外表形态、文化内涵、地域特点、历史意义、表现形式及审美情趣等，都会对室内设计产生影响。好的室内设计师会让陈设品成为一个个"精品"和"亮点"，让整个室内空间在视觉效果上更加悦目，在感官上更加合理，在体验上更加舒适。

室内陈设风格是对建筑风格的延伸，也是一种文化传承。不同的室内陈设风格会彰显不同的空间个性。室内陈设风格并没有优劣之分，关键在于人们的理解和应用是否得当。室内陈设设计需要按照客户所要求的风格、建筑物的特性甚至所在地域的文化特色，量身打造出能够将三者巧妙结合到一起的设计方案，进而凸显空间环境的氛围和格调，如欧式风格的富丽豪华、田园风格的清新自然等。现代设计思想倡导以人为本，因为人是室内活动的主体。

室内陈设中的文化价值和审美标准，随着时代发展和人类文明的进步也会产生相应的改变。现代人认为室内空间已经不是简单的生活场所，而应能够体现自我追求和文化品位。

第二节　室内陈设设计的依据

一、人体工程学

（一）人体工程学的概念

人体工程学是指研究分析人、物、环境之间相互关系、相互影响的一项学科。受到学科内容、涵盖范围、教学重点、侧重方向等因素的影响，学科的命名和界定也有较大差异。美国通常称之为"人类因素学""人类工程学"，而西欧国家多称之为"工效学"。

人体工程学最早应用于工业社会中，目的是在大量生产和使用机械设施的前提下，探求人与机械之间的协调关系。早在第二次世界大战中，为了发挥武器效能，减少操作事故，人体工程学原理被尝试应用到坦克、飞机等战争装备内舱的设计当中，目的是方便作战部队在舱内操作，战斗过程中有效减少由于狭小的操作空间带给人的压抑感和疲劳感，进而更好地平衡人、机、环境之间的关系，提升战斗过程中操作的稳定性。人体工程学作为一个独立的学科已经有超过 40 年的历史，第一个国际人体工程学协会创建于 1960 年。

现阶段，随着人体工程学的广泛应用，人体工程学注重从个体出发，把人作为研究主体，涵盖了医疗、饮食、居住、出行等日常生活、生产活动的各个领域，为有效提升生活和生产的效率提供了新的思路。

（二）人体工程学在室内空间中的作用

开展室内设计时，设计师需要充分考虑到人体的个性特点、空间大小、家居尺寸等因素，量体裁衣，并根据工程进展适时进行调整，以达到理想的效果。

例如，在对餐厅进行室内设计时，要根据人体坐姿时的大腿高度来设计餐桌高度，要考虑当人移动座椅起立时所占的空间，留出送餐者的通行距离；此外还要考虑空间色彩对人产生的心理效应，以及室内声音、湿度使人产生的反应。这一切都与人的各部位尺度及肌体发生作用。因此，设计师的设计都应以人的基本尺度为模数，以人的感知能力为准则。

1.为确定人在空间的活动范围提供依据

设计师要对照人体工程学中涉及的相关数据进行精确测量，并结合建筑物的功能，区分商场、餐饮、写字楼、民用住宅等不同用途，参照人体尺寸、使用空间、社交范围等数据，确定空间的最佳范围，并围绕其展开设计。

2.为确定家具尺度及使用范围提供依据

不管是坐卧类家具还是储藏类家具，都应该是舒适、安全、美观的，因此它们的尺度必须依据人体的功能尺寸及活动范围来确定，以满足人们的生理、心理要求。此外，要考虑到使用者在使用家具过程中活动的范围，预留充分的空间，以方便使用者使用和活动。例如：写字台与座椅之间必须留有足够的空间，以便使用者站立与活动；餐桌与餐椅之间除应留有基本的活动空间外，还要为上菜者和其他通行的人留有适当的空间。

3.提供适应人体的室内物理环境的最佳参数

室内物理环境包括室内的热、声、光、辐射等不同类型的环境。设计师在了解这些参数后，可以给出符合要求的设计方案，从而使室内空间环境更加舒适、宜人。

以上从理论上阐明了室内设计与人体工程学之间的关系，为实际设计提供了依据和参考。设计师在进行室内设计时还应该注意以下几个问题：哪类尺寸按较高人群确定，哪类尺寸按较矮人群确定。

尺度按较高人群确定的包括：门洞高度、室内高度、楼梯间顶高、栏杆高度、阁楼净高、地下室净高、灯具安装高度、淋浴喷头高度、床的长度。这些尺寸一般按男性人体身高上限加上鞋的厚度确定。

尺度按较低人群确定的包括：楼梯的踏步、盥洗台的高度、操作台的高度、厨房的吊柜高度、搁板的高度、挂衣钩的高度、室内置物设施的高度。这些尺寸一般按女性人体的平均身高加上鞋的厚度确定。

二、环境心理学

（一）环境心理学的概念

环境是指周围的境况。对于室内设计专业来说，环境是带给使用者种种影响的外界事物，其本身具有一定的秩序、模式和结构。

在现代住宅中，任何功能都可以独自划分出一块领地，如会客休闲区域，会通过地毯、沙发等明确地划分出这一空间。

在一个房间中，能看到出入口的位置通常都使人感到安全，因此不管是在怎样的房间里，人们总愿意坐在能看见出入口的位置，以观察外界环境的变化。

（二）室内环境设计的依据

1.室内环境中的感知规律

室内空间作为建筑空间环境的主要组成部分，是体现建筑使用性质的最基本方法。虽然自然空间是无限的，但是人们可以通过对物质的运用，对自然空间进行限定，从而满足自己的不同需求。

2.室内空间界面给人的感受

空间尺度的大小，直接决定了人对空间的直观感受。要想营造雄伟、庄严、神秘、宏大或是亲切、自然、柔和、温柔等不同的气氛，就必须按照不同情况，有针对性地赋予建筑空间与之相配套的尺度感。

3.空间形状与感受

室内空间的不同带给人的总体感受也是千差万别的，室内空间的不同界面限定的范围指的就是室内空间的形态，而人所处的被限定的空间给人心理和生理上带来的冲击和感觉，则被称为"空间感受"。

第三节　室内陈设设计的一般原则

一、整体原则

在进行室内设计的过程中，要注意各个界面的整体性要求，使各个界面的设计能够有机联系，完整统一，并直接影响室内整体风格的形成。

室内设计的整体原则主要应注意以下两点：

第一，室内陈设的整体性设计要从形体设计上开始。各个界面上的形体变化要在尺度和色彩上统一、协调。协调不代表各个界面不需要对比，有时利用对比也可以使室内各界面总体协调，而且能达到风格上的高度统一。界面上的设计元素及设计主题要互相协调，让界面的细节设计也能为室内整体风格的统一起到应有的作用。

第二，室内陈设的整体性还要注意界面上的陈设品设计与选择。选择风格一致的陈设品可以为界面设计的整体性带来一定的影响，陈设品的风格选择不应排斥各种风格的陈设品。例如，通过设计者的艺术选择，不同材质、色彩、尺度的陈设品都能在整体统一的风格中找到自己的位置。

二、功能原则

人对室内空间的功能要求主要表现在两个方面：使用上的需求和精神上的需求。

（一）使用功能

1.单体空间应满足的使用功能

（1）满足人体尺度和人体活动规律

第一，人体尺度。室内陈设应当充分考虑到人体的尺寸及人体动态活动的范围等因素的影响，切实符合现实数据。而人的体态是有差别的，所以具体设计应根据具体的人体尺度确定，如幼儿园室内设计的主要依据就是儿童的尺度。

第二，人体活动规律。人体活动规律有两个，即动态和静态的交替、个人活动与多人活动的交叉。这就要求室内空间形式、尺度和陈设布置要符合人体的活动规律，按其需要进行设计。

（2）按人体活动规律划分功能区域

室内空间按照人的活动范围，可细化为三类：静态功能区、动态功能区和动静态相兼功能区。按照使用者行为的不同，还可以根据其功能对这三个功能区进行进一步的划分。例如：静态功能区可以按照其功能和活动环境噪声分贝的大小，划分成睡眠区、休息区、看书区、办公区等活动区；动态功能区可以按照空间现实功能，划分为走道空间、大厅空间、等候空间、休息空间等；动静相兼功能区则可以结合其地理环境，细化为会客区、生产车间、候车区、候机区等区域。综上所述，室内空间区域的功能划分，需要参照其现实功能进行细化区分，不能一概而论。

2.室内空间应满足物理环境质量要求

室内空间环境涵盖了很多物理因素，如空气质量、热、光、声，以及现代电磁场等，只有在室内空间环境满足上述物理环境质量要求的条件下，人的生理要求才能得到基本保障。因此，室内空间的物理环境质量也是评价室内空间的一个重要指标。

（1）空气质量

在室内设计中，必须保证空气的洁净度和足够的氧气含量，保证室内空气的换气量。有时室内空间大小的确定也取决于这一因素，如双人卧室的最低面积标准的确定，不仅要根据人体尺度和家具布置所需的最小空间来确定，还需考虑两个人在睡眠 8 小时、室内不换气的状态下需要的氧气量。

在具体设计中，应首先考虑与室外直接换气，即自然通风。如果不能满足，则应加设机械通风系统。另外，室内空气的湿度、自然通风的风速等众多物理环境因素对室内空气的舒适度也会产生较大的影响。在室内设计中还应避免出现对人体有害的气体与物质，如目前一些装修材料中的苯、甲醛、氮等有害物质。

（2）热环境

人的生存需要相对恒定的适宜温度，而室外自然环境的温度变化较大，所以在寒冷的冬天需要通过建筑的围护结构和室内供热等来满足人体的需要，而在炎热的夏季又要通过通风和室内制冷带走人体热量，以维护人体的热平衡。不同的人和不同的活动方式也有不同的温度要求：如老人住所需要的温度就稍微高一些，年轻人则低一些；以静态行为为主的卧室需要的温度稍微高一些，而在体育馆等空间中需要的温度就低一些。这些都需要在设计中加以考虑。

（3）光环境

没有光的世界是一片漆黑，但它适于睡眠，日常生活和工作中则需要一定的光照度。对于光照要求，白天可以通过自然采光来满足，夜晚或自然采光达不到要求时则要通过人工光环境予以满足。

（4）声环境

人对一定强度和一定频率范围内的声音有敏感度，并有自己适应和需要的舒适范围，包括声音绝对值和相对值（如主要声音和背景音的对比度）。不同的空间对声响效果的要求不同，空间的大小、形式、界面材质、家具及人群本身都会对声音环境产生影响。所以，在具体设计中应考虑多方面的因素，以形成理想的声环境。

（5）电磁污染

随着科技的发展，电磁污染越来越严重。在电磁场较强的地方，应采取一些屏蔽电磁的措施，以保护人体健康。

3.室内空间应满足安全性要求

安全是人类生存的第一需求，空间设计必须保障人们的安全。首先，应强调结构设计和构造设计的稳固、耐用。其次，应该注意应对各种意外灾害。火灾就是一种常见的意外灾害，在室内设计中应特别注意划分防火防烟分区，注意选择耐火材料，设置人员疏散路线和消防设施等。

4.无障碍设计原则

在室内设计过程中，应针对一些特殊的社会群体，按照无障碍设计的原则，为他们提供便利。

残障人士可以分为以下两类：

第一，乘轮椅患者。没有大范围乘轮椅患者的人体测量数据，进行这方面的研究工作是很困难的。因为患者的类型不同，有四肢瘫痪或部分肢体瘫痪，程度也不一样，如肌肉机能障碍程度不同等。在设计中要充分考虑残障人士的需要，体现人文关怀。

第二，可以自主行动的残障人士。对于能够借助器械独立走动的残障人士，则需要把他们的辅助器械考虑在人体测量数据范畴之内，如拐杖、手杖和助步车等，以人体测量数据为依据，力求他们使用这些工具时能安全、舒适。

另外，从更为广义的角度来讲，无障碍设计应针对一切活动有障碍人士，如拎重物者或其他行动不便者，在进行室内设计时都属于需要考虑的范畴。

（二）精神功能

1.具有美感

各种不同性质和用途的空间可以给人不同的感受。在设计过程中，一方面要注意室内空间的特点，即空间的尺度、比例是否恰当，是否符合形式美的要求；另一方面，要注意室内色彩关系和光影效果。此外，在选择、布置室内陈设品时，要做到陈设有序、体量适度、配置得体、色彩协调、品种集中，力求做到有主有次、有聚有分、层次鲜明。

2.具有性格

根据设计内容和使用功能的需要，每一个具体的空间环境应该能够体现特有的性格特征，即具有一定的个性，如大型宴会厅比较宽敞、华丽、典雅，小型餐厅比较小巧、亲切、雅致。

诚然，空间所反映出的性格与设计师的个人特性有不可分割的联系，而且与地域特点、时态特征、风土人情、文化习俗、宗教信仰等诸多因素有关。例如：北京老城区明清时期住宅堂屋的对称布置就会让人感受到封建社会宗法礼教严格的约束；哥特教堂的室内空间冷峻、深邃、变幻莫测，产生把人的灵魂引向天国的效果，具有强烈的宗教氛围与特征。

3.具有意境

室内意境是综合室内环境中集主题、设想、构思、目标意图等诸多因素于一体的最终展示，其在向客户展示空间感受的同时，还会利用其潜在的内涵，引起人们的思考和遐想，甚至在某方面给人以启迪，是室内设计精神功能的高度概括，如在房间中间高台上放置金黄色雕龙画凤的宝座。

三、价值原则

（一）美学价值

实现美学价值是室内设计的重要标准之一，在前文中我们已经论述了室内设计的精神功能要具有美感。而美学价值则主要体现在现实设计中的形式美法等诸多方面。

1.稳定与均衡

自然界中的一切事物都具备均衡与稳定的条件，受这种实践经验的影响，人们在美学上也追求均衡与稳定的效果。在传统的概念中，上轻下重、上小下大的布置形式是达到稳定效果的常见方法。

在室内设计中，还有一种称为"不对称的动态均衡手法"也较为常见，即通过左右、前后等方面的综合思考以达到平衡的方法。这种方法往往能取得活泼自由的设计效果。

2.韵律与节奏

室内设计中，根据节奏感的不同，韵律又可分为很多种类。其中，比较常见的有连续韵律、渐变韵律、交错韵律和起伏韵律。

连续韵律，顾名思义是指一个独立要素或由几种要素组合而成的排列组合，按照一定的规律连续重复，每个个体或组合之间保持稳定的距离和关系，在一定时间或空间内，可以无限循环延长。

渐变韵律，是指把具备连续重复特性的要素按照一定的顺序或规律逐渐进行改变。

交错韵律，是指把两个或几个互不相同，且连续重复的要素按照一定规律交织、穿插，营造视觉效果上忽隐忽现的意境。

起伏韵律，是渐变韵律的一种拓展和延伸，通过对渐变韵律的调整，或增加或减少，形成一种连绵起伏的感觉，给人一种活泼灵动的节奏感。

3.对比与微差

对比与微差同指要素之间的差异，前者指的是要素之间比较显著的差异，后者指要素之间的微小差异。当然，这两者之间的界限也很难确定，不能用简单的公式加以说明。

在室内设计中，对比和微差的应用十分常见，两者相辅相成、缺一不可。对比常常是借助要素之间的比较，突出各自的特点来烘托变化。微差是借助要素之间的共性，凸显和谐融洽的氛围。

对比与微差被广泛应用于室内设计当中，其中有一种情况颇具代表性，即利用同一几何母题。虽然它们具有不同的质感和大小，但由于具有相同母题，所以一般情况下仍能达到有机的统一。

4.重点与一般

从心理学角度分析，人会对反复出现的外来刺激停止做出反应，这种现象在日常生活中十分普遍。例如，我们对日常的时钟走动声会置之不理，对家电设备的响声也会置之不顾。人的这些特征有助于人体健康，免于事事操心，但从另一方面看，则加重了设计师的任务。

（二）技术与经济价值

1.技术、经济与功能相结合

为人类生存、工作和活动谋求一个合适的场所，是室内设计的最终目的，这一场所包括一定的空间形式和一定的物理环境，而这些都需要技术手段和经济手段的支撑。

（1）技术与室内空间形势

室内空间的大小、形状等特性，往往需要相应的材料和技术手段提供保障和技术支撑。回顾建筑领域的发展历史，新材料、新技术、新结构的出现，不仅满足了建筑物功能拓展的最新需求，而且为空间形势的发展创造了新的可能，既能使建筑物的外形面貌焕然一新，又能促进建筑物功能向着更新颖、更全面、更复杂的方向发展，进而满足不同时期客户对于空间形式的最新要求。

（2）技术与室内物理环境质量

人们的生存、生活、工作大部分都在室内进行，所以室内空间应该具有比室外更舒适、更健康的物理性能。古代建筑只能满足人对物理环境的最基本要求，后来的建筑虽然在围护结构和室内空间组织上有所进步，但依然被动地受自然环境和气候条件的影响。随着科技的发展进步，现代建筑技术有了长足的发展，在建筑物的美化音质、控制噪声、照明采光、空调暖通、防湿保温、绿化节能、安全防火及新能源利用等方面，都有了突飞猛进的进步，这些技术和设备使人们的生活环境越来越舒适，受自然条件的限制越来越少，人们终于可以获得理想、舒适的内部物理环境。

随着时代的进步，人们对空间环境的方便性和舒适性有了新的更高的要求，与之相对应的是设备费用在建筑总造价中所占的比重逐年增加。在有的工程项目中，设备投资所占比重甚至达到了工程总造价的 30%。所以，设备的优劣、设备运用是否达到最优化，也应当成为评价室内设计的重要指标之一。

（3）经济与室内空间设计

内部空间环境设计是以技术和经济作为支撑手段的，技术手段的选择会影响这一环境质量的好坏。所以，各项技术本身及其综合使用是否达到最合理、最经济，内部空间环境的效益是否达到最大化、最优化，是评价室内设计好坏的一个重要指标。

2.技术、经济与美学相结合

技术的变革和经济的发展直接推动了人们审美价值观的改变和设计创作观念的更新，更重要的是催生了不同的艺术表现形式。

最初的技术美学源自人们对技术的崇尚和对机械美的欣赏。当时，采用了新材料、新技术的伦敦水晶宫和巴黎埃菲尔铁塔打破了从传统美学角度塑造建筑形象的常规做法，给人们的审美观念带来强烈的冲击，逐渐形成了注重技术表现的审美观。

（三）生态价值

近年来，建筑界开始了生态建筑的理论探索与实践，希望以"绿色、生态、可持续"为目标，发展生态建筑，减少对自然的破坏。因此，"生态与可持续原则"不但是建筑设计的原则之一,而且是室内设计评价中一条非常重要的原则。室内设计中的生态与可持续评价原则一般涉及如下内容。

1.营造自然健康的室内环境

（1）天然采光

如同人的健康需要阳光一样,人的日常工作、生活同样需要适宜的光照度,如果自然光不足则需要补充人工照明。室内采光设计能够直接影响使用者的身体健康。好的采光设计不仅能提升人们的生活质量,营造内部环境的美感,而且具有节省能源、减少浪费的功能。

（2）自然通风

保证人类健康的必要因素就是新鲜的空气,而室内微环境的舒适度在相当程度上需要依赖于室内的温湿度和空气质量。同时,空气的洁净度和空气流动更新的周期都会对室内微环境的舒适度造成一定影响。自然通风可以通过非机械的手段来调整空气流速及空气交换量,是净化室内空气、消除室内余湿余热的最经济、最有效的手段。

（3）引入自然因素

自然因素能使人联想到自然界的生机,疏解人的不良情绪,激发人的活力。适当的自然景观,对于改善钢筋混凝土结构筑成的人工硬环境,舒缓人们的紧张情绪有神奇的作用。自然景观能引起人们的心理愉悦,增强室内空间的审美感受。绿化水体等自然因素还能调节室内的温度、湿度,甚至可以在一定程度上除掉有害气体,净化室内空气。因此,自然因素的引入,是实现室内空间生态化的有效手段,同时也是组织现代室内空间的重要元素,有助于提高空间的环境质量,满足人们的生理及心理需求。

2.充分利用可再生能源

太阳能是一种取之不尽、用之不竭、没有污染的可再生能源。对太阳能的利用,首先表现为通过朝阳面的窗户使内部空间变暖。当然,也可以通过集热器收集能量,太阳能热水器就是实例。太阳能光电系统也利用了太阳能,它是把太阳光经过电池转换贮存能量,再用于室内的能量补给。这种方式在发达国家运用较多,形式也丰富多彩,有太阳能光电玻璃、太阳能瓦片、太阳能景观小品等。

3.适当利用高新技术

伴随着现代科技的进步,必然会有越来越多的高、精、尖技术应用于建筑和室内设计领域。通过现代计算机技术、生物信息技术、材料合成技术、资源替代技术及建筑构造措施等含金量较高的高科技手段在不同设计领域的应用,可以逐渐降低建筑能耗,减少对自然环境的破坏，达到维持生态平衡的目的。在具体运用中，应该结合具体的现实条件，充分考虑经济条件和承受能力，综合多方面因素，采用合适的技术，力争取得最佳的整体效益。

第四节 室内陈设品的陈设与搭配

室内陈设品作为室内环境设计体系中的重要元素，在增强空间内涵、烘托室内气氛、体现环境风格方面具有较好的效果，同时能够对室内空间环境状况进行柔化与调节，通过特有的色彩、材质、造型、工艺给人们带来丰富的视觉享受，陶冶人们的品性与情操。室内陈设品是室内空间鲜活的因子，它的存在使室内空间变得充实和美观，营造出浓厚的室内文化氛围，使人们的生活环境更富有个性魅力。

一、陈设品的类型

室内陈设品分为实用工艺品和欣赏工艺品两类。搪瓷制品、塑料品、竹编、陶瓷壶等属于实用工艺品；挂毯、挂盘、各种工艺装饰品、牙雕、木雕、布挂、蜡染、唐三彩、石雕等属于装饰工艺品；而餐具、茶具、酒具、花瓶、咖啡具等兼具实用和装饰功能，既属于实用工艺品，又属于装饰工艺品。

二、陈设的要求

（一）满足功能要求，协调统一

陈设布置的根本目的，就是满足人们的物质生活需求及精神需求。人们的需求包括居住和工作、学习和休息、办公、读书写字、会客交往、用餐及娱乐等。

为了满足人们的需求，设计师必须对室内陈设品的色彩、材质、造型、工艺手法等做出合理的选择，尽量使室内陈设品与室内环境的基调协调一致，这样才能创造出一个实用、舒适的室内环境。

（二）疏密有致

在布置室内陈设品时，一定要注意构图章法，要考虑陈设工艺品与家具的关系以及它与室内空间宽窄、大小的比例关系。装饰是为了满足人们的精神享受和审美要求，布置室内陈设品要细心、用心。例如，某一区域色彩平淡，放一个色彩鲜艳的装饰品就可以使色彩丰富起来。

（三）色调协调统一，有对比变化

设计师应该在充分考虑室内空间协调性的情况下，对室内陈设品进行选择设计、组合搭配。要以色调统一为主，以对比变化为辅，实现器物色彩与室内装饰整体色彩的协调一致。只有重视陈设器物与室内整体色调的关系，才能增强艺术效果。

（四）选择好角度，便于欣赏

在观赏陈设工艺品时，也要考虑其摆放角度与欣赏位置。工艺品所放的位置，要尽可能使观赏者不用踮脚、哈腰或屈膝来观赏。摆放的角度和位置高低等都要适合人们观赏。因此，在室内陈设一件装饰工艺品时，不能随意乱摆乱挂，既要选择工艺品自身的造型、色彩，又要考虑它的形状、大小、位置、高低，以及与周围环境的角度照应和摆放的疏密关系等。

总之，室内陈设工艺品的布置要遵照少而精、宁缺毋滥、豪华适度的原则，摆放不能过满或悬挂过乱，以避免给人以杂乱不堪的不适感。

三、陈设的要点

（一）创新

要从服务室内整体设计效果出发，有别于传统室内陈设设计的一般规律，突破传统设计思维的禁锢，融入新颖创意和时代个性，最终实现新颖独特的创意效果。

（二）和谐与对比

在室内空间陈设中，陈设品风格要与室内环境风格相协调，形成一个整体。要用心对陈设品的种类、造型、规格、材质、色调进行选择，营造和谐的氛围，给人以舒适的感受。

另外，可以通过不同材质、大小、色彩、风格的陈设物的比较，让整个空间与陈设品既对立又协调，既矛盾又统一，从而在强烈的反差中塑造出特点鲜明的形象，提升室内装修的整体效果。

（三）均衡对称

通过对陈设品的选择和组合，可以实现室内空间布局的均衡和对称，让人们在视觉和心理上感到舒适。要利用各种陈设品的形状、色彩、光度、质量等，维持空间均衡、稳定的效果。

要全方位、多角度地进行对比，充分运用绝对对称和相对对称。绝对对称指陈设物的同形、同色、同质之间在上下或左右可以完全复制；相对对称是指陈设物同形不同质、同质不同色等在某些元素上稍有不同，但又有一部分能够复制。相比于均衡，对称能够产生一定的形式美，比如在室内陈设中对家具、墙面艺术品、室内灯饰等采用对称的排列方式，能够给人以庄重、整齐、有序、和谐的视觉美感。

（四）有序呼应

在室内空间陈设设计中，有序是提升空间美感的基础和根本。将陈设品按照一定规律进行重复、渐次、有韵律、有比例地排列，掺入平衡对比的元素，能够使空间产生秩序井然的视觉美感。

呼应是均衡室内空间陈设的一种表现形式，通过陈设品形与形、色与色的呼应，或陈设品与顶棚、墙面、地面及家具组合之间的呼应关系，可以使空间产生一定的变化，达到统一美观的艺术效果。

（五）空间层次

空间层次在室内陈设设计中具有非常重要的地位，直接决定了室内空间层次感是否鲜明突出。因此，通过陈设品色彩从冷到暖、明度从暗到亮、造型从小到大、形状从方到圆、质地从细到粗、品种从简到繁、形式从虚到实，每一个组合设计的对比，都能够体现出层次变化，进而突出层次与空间的变化关系，体现空间内丰富的陈设效果。

（六）节奏韵律

在排列陈设品的过程中，通过陈设品在长短、粗细、直斜、颜色深浅等方面的合理变化、有条理的重复，按照特定的情感需求进行组合，就会产生节奏感。将若干个空间节奏进行改变，再重新组合，就形成了旋律。这样既能避免视觉疲劳的产生，又可以极大地丰富空间环境的艺术效果。

第七章　现代室内绿化设计

第一节　室内绿化的原则与功能

绿色植物是天然的空气清新剂，我国在很久以前就开始用植物装饰居室。随着经济社会的发展和不断进步，人们对室内环境的要求越来越高。室内绿化设计作为室内设计中的重要组成部分，其目的就是改善室内生态环境，达到人与自然环境的和谐统一。目前，室内绿化仍存在科学性与艺术性不足等诸多问题。

一、室内绿化的原则

（一）与建筑空间格局相协调

人们居室的大小各异。在进行装饰植物布局设计时，应先按实际情况进行综合思考。总的来说，布局要灵活、合理。

在室内绿化设计中，对植物的选择首先要充分考虑空间的大小，根据室内的高度、宽度和陈设物的多少及其体量等来决定。植物体形太高太大会产生一种压迫感，太小太低则显得疏落而单调，都难以达到好的美学效果。例如，在一间面积狭小的房间，除去用于日常休息的空间，剩余的空间所剩无几，如果装饰植物较大或位置摆放不当，就会给日常生活带来很大不便。相反，一间面积宽敞的家居，如果在装饰上过于单调，则无法彰显室内的绿化环境。在布置小空间时，宜采用点状分布，在适当的地方摆放规格较小的盆花、插花等室内装饰植物。如果空间较宽敞，则可采用排列式装饰，配合悬垂植物对空间进行立体装饰。

在具体配置时，室内植物的高度不应超过室内空间高度的三分之二，以免给人造成一种压抑感，并且要给植物留有足够的生长空间。另外，植物应该摆放在最佳视觉点上，如茶几上、餐桌上等。

在室内整体空间格局上，植物的配置也应着眼于整体。在公共室内空间上，空间面积比较大，人们更习惯于对称地布置，选择统一的植物品种，并将植物进行规律的布置，显得稳重、严肃。而在家庭居室里，人们喜欢自然无拘束的环境，所以在布置植物景观的时候也应采用自然的格局。

（二）与室内环境相融合

室内绿化是整个室内环境的有机组成部分，其作用不可小觑。所谓与环境相融合，主要是与室内装饰和季节特点相适应。

室内装饰的样式一般分为中式和西式两大类。如果是中式的装修风格，室内就应该摆放一些具有浓厚中国文化特色的植物及盆景。以西式花器栽植的植物就应该配置在西式风格的室内环境中。植物的尺度、姿态应与家具构成良好的比例关系，或烘托氛围，或凸显特色，以增强效果。此外，还要注意植物的情调、色彩等，遵循上浅下深的基本原则，或统一，或对比，以使整体和谐。例如，在以浅色调或亮色调为主的背景中，应选用鲜丽的花卉或有质感的观叶植物，这样既能突出立体感，又能营造一种安定的氛围。

在室内设计中，季节的变化是不能忽略的。每个季节都应该用不同的植物来进行绿化装饰，以表现不同季节的特征。保证内外元素相呼应，方可相得益彰。春回大地，万物复苏，室内陈设水仙、金橘、四季橘、万寿菊、仙客来等，可体现春意盎然的蓬勃朝气。夏日炎炎，选用龟背竹、散尾葵、棕竹、橡皮树、万年青等具有冰冷感觉的观叶植物进行装饰，可减轻酷暑之感，点缀马蹄莲、百合等芳香素雅的植物也可营造清凉淡雅的氛围。秋高气爽，室内可以以菊花盆栽或瓶插为主体，再衬以南天竹、安石榴等观果植物；剑兰也正值开花的季节，如将其陈设于书房、客厅，可使家居平添不少雅趣。冬风萧瑟，室内应以暖色调的植物为主，选用一品红、大丽花等具有温暖感觉的植物进行装饰，可以抑制严寒之感，使室内气氛温暖热烈。

（三）与空间功能相结合

不同的空间有不同的功能，室内绿化装饰必须符合功能的要求，也就是满足实用的功能。室内绿化设计必须考虑空间功能及其特点，使绿化布置与不同功能空间的艺术特质相结合，与不同功能空间的情感氛围相协调。既要发挥室内绿化的效能，又要充分展示空间的功能，使室内绿化与空间功能相得益彰。

根据功能的不同，大致可将室内空间分为公共空间与家居空间。

公共空间有办公空间、医院、酒店厅堂、餐饮空间、商业空间等的划分，家居空间则有客厅、阳台、卧室、书房、厨房、卫生间等的划分。在进行绿化布置时，要根据空间功能的不同性质，采用不同的绿化设计。例如：酒店的通风、光照、空气质量等条件一般，大堂和电梯间摆放空间较大，应选用大气典雅的绿植；医院需要一个安静的环境，并且要保持通道的畅通，在进行室内绿化设计的时候就要注意绿植的摆放，不能影响交通，绿植的颜色应该较为淡雅。

（四）尊重生态环境

进行室内绿化装饰设计除了要与室内空间的面积、功能相结合，还要尊重植物的生态习性，将植物摆放在适合其生长的环境中去，这样才能最大限度地发挥其作用，通过绿化设计创造一个完美的室内生态空间。

要创造良好的生态室内环境，首先要考虑光照问题，它是限制室内植物正常生长的主要因素。让自然生机充满室内是室内绿化设计的主要目的之一。由此，遵循绿植本身的自然特征，充分发挥其生态效能成为室内绿化的重要原则之一。将绿植置于适宜其生长的环境中，营造优美的生态空间，应从光照、温度、湿度等方面综合考虑。

光照是对植物生长影响最大的因素，无论室外植物还是室内植物都不例外。根据对光照需求可将植物分为喜阴植物、喜阳植物与中性植物三大类。喜阴植物要求适度荫蔽，在直射光或有充足光照的地方生长不良，在散射光条件下则生长较好；喜阳植物适合在光照充足的地方生长；中性植物具有一定的耐阴性，对光照的要求介于喜阴植物与喜阳植物之间。因此，开花的和彩叶植物应放在靠近南边的窗户附近，如朱顶红、月季、马蹄莲、兰花等。充足的阳光能使它们生长良好，并保持较长的观赏时间。而大部分观叶植物喜欢半阴的环境，如绿萝、常春藤、散尾葵等可用在室内的大多空间。在极阴的位置应摆放耐阴的植物，如蕨类、万年青、君子兰、八角金盘等，并应该经常拿到室外进行恢复培育，以保持其正常的生长特征。

不同的植物对温度的要求各不相同，温度是室内植物养护的又一重要条件。相对于室外温度，室内温度的变化幅度较小，加上植物本身具有一定的变温性，因此不必对用于室内绿化的大部分植物过多担心，但要考虑到空调、暖气等对植物的影响。特别是公共空间，如银行、商场及写字楼等都是人走灯灭，冬天和夏天室内昼夜温差变化较大。一般的植物在短时间的低温环境下不会受冻，但是高温植物却不适合在低温的空间环境中。阴冷的空间只能用耐寒植物来装饰，如天门冬、棕榈、橡皮树等。

室内空气湿度也是影响室内绿化装饰生态性的一个限制因素。多数用于室内绿化装饰的植物都适合生长于空气湿度相对较高的环境，应按照室内空间的实际情况对植物进行增湿操作，以保持其良好的观赏性。

（五）注意安全

室内绿化既可美化环境，又可增添雅趣。需要注意的是，大多绿植通过光合作用吸收二氧化碳、释放氧气，但在夜间会吸收氧气、释放二氧化碳。并且，有些绿植的枝叶花卉虽然美丽，但其分泌物对人体有害。因此，安全性是不容忽视的。

首先，居室中不宜放置太多绿植，否则会造成植物与人在夜间"争氧"的现象，对人体健康产生负面影响。其次，要尽量避免有害品种。一些香味过于浓烈的花卉不宜放于卧室内，如夜来香在夜间散发出的强烈香气会使患有心脑血管疾病的人感到头晕目眩、胸闷、呼吸困难。一些松柏类的绿植不宜放于餐厅，因为它们的气味会对人体的肠胃产生一定的刺激作用，影响人的食欲。特别是对孕妇的影响更大，它们的气味会使孕妇产生头晕目眩、恶心呕吐、心烦意乱等症状。一些绿植不宜放于儿童居室，如仙人掌类、虎刺梅类、仙人球类等植物容易刺伤儿童，水仙、马蹄莲、夹竹桃等植物含有毒素，一旦儿童误食，会引发中毒现象。

二、室内绿化的功能

（一）美化环境

现代室内装饰设计，大到公共空间，如办公写字楼、宾馆酒店、购物中心、医院等公共场所，小到居住空间，如客厅或起居室、卧室、餐厅、厨房、卫生间、阳台等，虽然每个空间的使用功能、面积大小各不相同，但是所运用的装饰装修材料都大同小异。无论是板材、面漆等各类装饰材料，还是家具、电器等各类陈设，都对人类的健康产生着或大或小的影响。绿色植物形态优美、色彩丰富，有些观花类植物更是芳香醉人。将它们摆放于室内，不但对单调的室内空间环境起到了美化的作用，而且可以减少各类装饰材料或者陈设品释放出来的有毒有害气体，调节室内的生态环境。

有些叶面具有特殊纹理的植物，如龟背竹、滴水观音等，叶面纹理清楚、面积较大，能更好地让室内空气中的灰尘吸附在其叶面之上。有些植物可以减少电视机、计算机显示器等电器带来的电磁辐射，如红豆杉或者蓬莱松。有研究表明，在电视机旁边放置一盆红豆杉或者蓬莱松可将电磁辐射减少 30%左右。芦荟、虎皮兰等绿色植物可以吸收空气中的有毒有害气体，桂花、茉莉则可以利用植物本身特有的挥发性油类进行杀菌。适当地布置这些植物，不但可以清新空气，减少有害气体，还能陶冶人的情操，让人心旷神怡。

另外，植物还能调节室内气温，是室内温度变化的缓冲剂。相关实验表明，植物在夏季可以通过叶子的吸热和水分蒸发降低室内温度。植物本身的温度具有一定的稳定性，变化较小，可以起到迟滞温度变化的作用。而且植物所散发的水分能够使室内空气湿润柔和，在调节室内空气湿度方面功不可没。植物还具有吸引、隔音作用，特别是具有厚实体积的木本植物能有效地将室外噪声阻隔在外，从而起到减少噪声的作用。

（二）修身养性

室内绿化可以修身养性，陶冶人的情操，使人减轻压力，充满活力，提高工作效率。绿色植物由于其自身特有的属性，所代表的是一种情趣，在某些方面还能反映出一个人的生活态度和生活品位。古人常将梅兰竹菊比喻为"四君子"，它们能够带给人们幽芳逸致、风骨清高的感觉；歌颂莲花"出淤泥而不染，濯清涟而不妖"的诗句更是数不胜数。

人们在进行室内绿化设计的同时，需要不断地完善自身养殖植物的知识，掌握不同植物不同的生长特点和喜好，科学地浇水、施肥，在陶冶情操、增长知识的同时，又能锻炼身体，达到修身养性的效果。

（三）增加层次

通过绿化的应用，可以增加室内空间的层次变化。通过室内外景色互渗互借，可以延伸和扩大有限的室内空间，许多公共厅堂就利用在进厅处摆放树木、花卉等手法，使外部空间的因素融入内部空间，达到室内外空间过渡与延伸的效果。

通过绿化的应用，可以界定和分隔室内空间。利用绿化陈设形成的半透视隔断，可以满足人们对室内空间越来越通透的要求。除此之外，绿化在同一空间内的不同组合可以调整空间，使不同的小空间既不破坏整体空间的完整性，又能发挥各自的功能作用。比如餐厅中的小间以绿色植物作隔断，在有效划分范围的同时又不会影响整体空间的开敞性。

绿化植物所具有的观赏特性能够吸引人们的注意力，通过绿化的应用，可以巧妙地突出室内空间的重点。例如，大会议室主席台通过鲜花等绿化陈设来突出其会议中心的地位。如果室内空间或室内的部分空间存在过宽过窄或过大过小的情况，还可以利用绿化植物的色彩、大小、质感、形态等要素来加以改善，以获得适宜的尺度感，使人们对空间的印象得以改观。

第二节　室内绿化设计中的绿植花艺分析

一、室内空间绿植花艺的分类

室内空间中的绿植花艺能带给人自然美、色彩美、图案美、形状美、垂性美、攀附美。在室内装饰中，绿植花艺以盆栽植物和鲜切花为主。盆栽植物是指在盆中种植的花卉和植物，鲜切花是从植物上直接切取的茎、花、枝、叶、果等。盆栽植物的种类丰富，下面简单介绍几种分类方式。

（一）按生长形状分类

1.乔木
乔木的主干与分枝区别明显，体形较大，枝繁叶茂，美观大方，具有较高的艺术欣赏价值，适合作为室内空间的主要观赏景观。

2.灌木
灌木是一种没有明显的主干、呈丛生状态的树木，相对于乔木来说体形较矮小，主要观赏价值在花、果、枝干。

3.草本植物

草本植物的茎柔软，木质部较不发达甚至不发达，茎多汁，成活率高，成本低，可在室内空间中起到点缀的作用。竹子也是草本的一种，其独特的外观具有较高的观赏价值，还具有气节、虚心等文化内涵。

4.藤本植物

藤本植物不能直立生长，需要依附在其他植物或支架上，一般情况下可以作为背景景观使用，为空间增添自然、轻松的趣味。

（二）按观赏特性分类

植物的不同部位具有不同的观赏价值，根据观赏部位的不同，可以分为以下几类。

1.观花植物

牡丹、山茶、月季、海棠等都属于观花植物，具有颜色鲜艳、绚丽多姿、花香馥郁等特点。四季开花的植物的观赏时间较长，花叶并茂的植物的视觉效果更好，观赏价值更高。

2.观果植物

观果植物的果实颜色鲜艳，形状美观，令人赏心悦目。一般情况下，观果植物的花、果、叶并茂，三者可以组合观赏，如石榴、金橘等。观果植物对水分、光线等条件的要求较高，种植难度较大。

3.观叶植物

观叶植物的叶形、叶色美观大方，主要产于热带和亚热带地区，观赏时间较长。相对于观花植物和观果植物来说，观叶植物的艺术内涵较为含蓄内敛，可以陶冶情操。

4.观枝干、观根植物

观枝干、观根植物的枝干和根部具有较强的观赏价值，造型独特，纹路、色泽、分布蕴含艺术特征。为了突显常根植物的根部特点，可以选择使用玻璃器皿，以便观察根部生长的状态。

（三）按配置和组合方式分类

在现代室内设计中，会采用将人造设计元素与绿植花艺相结合的方式，实现人造美与自然美的协调统一。这种设计风格可以通过不同元素的碰撞产生别致的设计美感，提升审美品位。根据组合方式的不同，可以将绿植花艺分为以下几类。

1.孤植

孤植植株本身的观赏价值较高，形态、色泽、质感等都具有突出的特点，可以作为陈设品独立存在。这种一枝独秀的植物可以作为空间设计的主体，成为空间的视觉中心，适合放置在范围较小的空间中，方便人们近距离地观赏其艺术特征。孤植可以与假山、人造流水相结合，形成别致的自然景观。

2.对植

对植通常成对出现，以空间设计的中轴线为中心对称摆放，一般放置于出入口处。在室内空间中，对植不仅能够吸引人们的视线，还能够对人们的行进路线起到指引作用。对称放置的绿植在空间布局中还能形成空间美感，丰富空间内容。

3.群植

群植是指将多株植物组合在一起。单个植物在视觉上过于单调，而通过群植的方式可以丰富植物的内容和层次。同种植物的组合可以作为背景景观使用，不同种类的绿植、花卉的组合可以营造一种自然生态的和谐之感，如山水盆栽等。

设计师可以将绿植花艺材料进行搭配组合，设计出造型独特、独具风格的绿植花艺作品。根据表现形式和组织结构的不同，可以将绿植花艺材料分为以下几种：一是块状花材，适合展现平面的美感，可以作为绿植花艺作品的焦点；二是线状花材，适用于营造空间结构，能够支撑作品的整体结构；三是散状花材，适合在已经确定基本结构的空间中填补缝隙，增添空间内容；四是异形花材，其独特的造型和展现形式能够瞬间抓住人们的眼球，吸引人们的目光，成为设计作品的焦点所在；五是果实花材，能够突出展现果实的形态，增加整个作品的趣味性，丰富作品的内容，增加设计的层次感。

4.列植

列植是将具有相同或相似形态的植物按照某种排列规律组合起来，如呈线状或网格状组合。这种排列方式能够营造一种整齐、规则的空间，将排列规则的刻板和绿植花艺的自然、随意相对比，形成别致的视觉效果。总的来说，列植具有美化环境、分隔空间和指引方向的作用。

除了活体绿植花卉，仿真花卉和仿真绿植在室内设计中也有大量的应用。仿真花和仿真绿植即使用高仿真原料，通过模仿花卉和绿植的形态制作成的逼真的绿植和花卉。活体花卉和绿植对光照、水源、温度、空气质量等环境因素要求较高，而且会受到花期和存活时间的限制，生长形态也不可控制。仿真花和仿真绿植则对环境要求较低，不需要浇水、松土等定期护理，使用和维护也不麻烦，而且不受花期和存活时间的限制，能够根据人们的需求和喜好随意变换造型。

二、室内空间绿植花艺设计的风格与造型

（一）室内空间绿植花艺设计的风格

室内空间绿植花艺的风格可以分为以下三种。

1.东方花艺

东方花艺的发源地是中国，早在中国古代，人们就已经开始使用插花等手法来美化环境。花艺不仅可以调节心情，还可以陶冶情操。中国传统插花在隋唐时期东渡到日本，受到日本民众的欢迎和追捧。后在漫长的历史发展中，日本形成了一种独具特色的花艺风格。例如，日本花艺的"池坊流""小原流""草月流"三大流派充分利用植物的自然形态及线条造型的美感，打造出自然、和谐、宁静的空间氛围。日本花艺追求清淡的色彩，旨在以朴实的设计风格表现深邃的意境，尽量避免使用大量的花材，主张以简单的、不对称的几枝花材营造诗情画意的氛围。日本花艺风格鲜明，在目前东方花艺中最具盛名。

2.西方花艺

西方花艺起源于古埃及和古希腊。西方花艺的花型主要由骨架花、焦点花、主体花、填充花构成，花卉颜色鲜艳，具有较强的表现力。在西方花艺中，花卉的造型结构可以分为C形、S形、扇形、球形、半球形等多种造型。丰富的表现形式能够营造出华丽、热情的空间氛围，从而调节人的心情。不过，西方花艺并不强调设计的思想内涵，只追求形式上的装饰效果。

3.现代花艺

现代花艺与现代风格的室内设计相配合。现代室内设计追求简单的几何造型和流畅的线条美，因此现代花艺会选择单色或多种单色花卉的组合作为视觉中心，选择大量的绿植作为点缀，以突出焦点花卉，展现花卉的形态美。现代花艺更能体现现代室内设计风格，而且自然的绿植花艺与现代的科学技术相结合，能够取得理性与感性协调统一的

和谐效果。

（二）室内空间绿植花艺的造型设计

1.室内空间绿植的造型设计

室内空间绿植的造型设计需要在保证植物能够成活的前提下，实现绿植设计与空间设计的协调统一，这样才能真正展现出设计的艺术效果。和谐的空间效果需要保证结构、比例等方面的协调，如植物在空间中的摆放位置与其他物品的摆放位置要合理，形成和谐的构图结构。不同植物之间存在很大的差距，即使是同一品种的植物，也会有不同的生长形态，如较大的植物高达3米，而较小的植物只有手掌一般大。具有不同特征的植物会产生不一样的装饰效果，因此在进行室内空间绿植花艺造型设计时，需要仔细观察每一种植物的特征和习性，选择合适的摆放位置和方向。比如，垂挂式的花卉应该放在高处，充分展现植物垂落的美感；具有规则性状的植物应该放在视觉中心的位置，以吸引人们的目光。根据空间功能的不同，可以选择不同种类的植物作为点缀。

2.室内空间花卉的造型设计

花朵色彩艳丽、形状饱满，具有较强的装饰效果，因此花艺在室内空间中往往需要特定的展示空间，成为视觉中心，吸引人们的目光。在室内空间中，花卉的造型设计主要体现在花卉的调和、韵律、均衡三个方面。

花卉的调和是指花卉的大小、色泽、装饰意义和环境的调和。花卉的大小差异能够形成形式上的对比，色泽差异能够在空间设计中凸显出主要颜色和陪衬颜色，数量和繁茂差异会在视觉和心理上形成不同的效果。

花卉的韵律是指花材在容器中上下、左右及前后的位置，色彩的明暗、强弱，素艳的变化，以及花的姿态的变化关系。具有韵律感的花卉可以给人一种和谐、自然的美感。根据韵律的展现形式，可以将其分为四种类型：一是简单韵律，即将设计要素按一定的距离进行简单的排序；二是渐变韵律，即根据高度、长度、大小、颜色进行排序，形成一种渐变的韵律；三是起伏韵律，即在渐变韵律的基础上形成一种有节奏的起伏规律，使韵律的表现更为立体；四是交错韵律，即将多种复杂的设计因素通过不规律的排列方式组合在一起，形成一种别致的韵律。

花卉的均衡是指在花卉的展现过程中，花卉和花枝的数量、色彩、排列方式等因素处于平衡的状态，即整体和局部之间形成一种均衡的美感。需要注意的是，不同的设计因素在整体设计作品中的地位是不同的,应该明确每个设计因素所处的位置,只有这样才能在整体设计中实现最大的价值。结构和布局的对称性和不对称性布局方式能够形成静态均衡和动态均衡两种状态,而不同展现形式的组合能够在空间装饰中展现出不同的效果。这一点与室内设计的理念不谋而合,两者可以相互融合、相互促进,实现更高的设计价值。

三、室内空间绿植花艺的作用

(一)绿植在室内装饰设计中的作用

在室内装饰设计中添加自然环境中的因素,可以对整体空间的结构、布局、环境等因素产生影响,给人一种回归大自然的感受。绿植在室内装饰设计中的作用主要体现在以下几个方面。

1.改善室内环境

使用绿植装饰室内空间,可以维持人与自然之间的联系,使处于与自然环境相隔绝的室内空间中的人能够通过绿植感受大自然的气息,放松身体和精神。除此之外,绿植能够净化室内空气,增添空间的生命力,使室内空间生机盎然。还有部分植物可以散发香气,在嗅觉上增添空间的情趣,使人们放松心情。

2.陶冶情操,促进人体健康

绿植色泽鲜艳,纹路充满艺术气息,具有较高的艺术欣赏价值。令人赏心悦目的绿植能够陶冶观赏者的情操,振奋其精神,满足其心理需求。

绿植能够减轻观赏者的压力,尤其是对于长期伏案工作或工作强度较大的人来说,绿植减轻压力的效果更为明显。绿色可以改善人们的视力,缓解眼部疲劳,使长期处于工作压力下的人的精神得到短暂的放松,焦虑的心情得到一定的缓解。部分绿色植物能够分泌萜烯类物质,这种物质有助于调节神经中枢、杀灭细菌,起到利尿、消炎和加强呼吸的作用。

另外,植物在正常代谢过程中,能够释放氧气和水蒸气,这对于调节室内空气的温度、湿度和含氧量有着至关重要的作用。一些植物还可以吸收空间中的电磁波,减少电磁波对人体的危害。新装修的空间中含有大量的有害气体,可以利用植物的新陈代谢吸收有害气体、过滤灰尘、净化空气，达到促进人类健康的目的。例如，万年青、天竺葵等植物能够产生挥发性油类，该物质具有杀菌的功效；而吊兰和杜鹃科的花木可以吸收放射性物质，对于改善人体健康状态有重要的作用。在选择绿植时，可以根据室内空间及人的身体状态等情况，选择合适的绿植。

3.调节室内水生态系统

不同绿植的生长状态有明显的不同，可以根据其特征组合使用，实现绿植价值的最大化。大多数花卉在白天进行光合作用，吸收二氧化碳，释放氧气；在夜间则进行呼吸作用，吸收氧气，释放二氧化碳。然而，仙人掌等绿植净化空气的时间则与花卉相反，它们白天为了避免水分流失，会关闭气孔，通过光合作用产生的氧气会在夜里释放出来。在室内设计中，可以利用绿植的不同特性，将具有互补功能的绿植组合使用，保证空间中的绿植在全天都能够实现释放氧气和净化空气的功能，从而形成一个小型生态系统，使室内氧气和二氧化碳的含量维持平衡状态。室内空间小型生态系统中的植物种类和数量越多，生态系统的功能就越全面。

在选择和运用绿植之前，应该先了解绿植的生长习性，确保所选择的绿植都能在室内正常生长。喜光的绿植应该放置在窗台上，确保绿植能够接收到充足的光照；卫生间环境较差，不适合绝大多数绿植生长，因此可以选择耐阴的绿植，既能美化环境，也能保证绿植的存活。绿植的生长是与大自然搏斗的过程，人们可以通过对绿植生长状态的观察体会生命的珍贵，潜移默化地改变自身的性情，起到陶冶情操、促进心灵健康的作用。

（二）花卉在室内装饰设计中的作用

花卉以其优美的外观、丰富的造型能够快速吸引人们的目光，具有较强的观赏价值。不同种类的花卉对室内装饰设计的作用是不同的，具体体现在以下几个方面。

1.美化室内环境

花卉具有丰富的表现形式和颜色，具有美观、大方、自然的外形，姿态各异，风情万千。室内空间是人类改造自然的结果，是坚硬、冰冷的，而在室内设计中使用花卉作为装饰，可以利用花卉优美的线条、疏密有致的排列结构改善室内空间刻板、呆滞的形象，为室内空间增添更多自然气息，增强室内空间的温馨感，为人们提供舒适、美观的生活环境。

玄关、餐厅、客厅等空间都是放置花卉的理想位置，但不同设计风格的空间选用的花卉种类不尽相同。以新中式装修风格为例，这种风格的空间设计追求含蓄、内敛的艺术表达方式，旨在营造安静、质朴的空间氛围和深邃的空间意境。因此，在花卉的选择上，应以具有优美造型、蕴含丰富文化底蕴的花卉为主，如梅花、兰花、荷花等。另外，要根据花卉的功能和展现形式，将花卉放置于不同的空间中。梅花的枝干造型复杂，疏密有致，具有较强的审美价值，适合放置在玄关、客厅；兰花清新淡雅，适合放置在茶几、花架上；荷花属于水养花系，需要使用体积、重量都较大的专门的水培器皿，适合放置在客厅、阳台。

花卉虽然能够改善人们的生活品质，但是成本高昂且需要定期养护，因此并不适用于公共空间。事实上，在公共空间中，经常使用造价低廉、方便运输和保存的假花作为装饰性物品。

2.提升生活品质

室内空间中，花卉的使用能够在很大程度上提升空间的艺术品位，改善空间效果，促进人们生活品质的提升。因此，在选择花卉时，应该充分了解不同花卉的生长特征和功能，根据环境情况和空间需求选择合适的种类。例如：在客厅这种展示性较强、艺术效果突出的空间中，适合选用具有鲜艳颜色和清香气味的花卉，以丰富空间内容，增强艺术效果；卧室是为人们提供良好休息环境的空间，其空间装饰的主要目标是帮助人们快速放松下来，因此不适合使用色彩艳丽且气味浓烈的花卉，而应该使用颜色清新、气味淡雅的花卉，如尤加利果类的无叶花卉不仅有助于放松心情，而且具有催眠作用，能够提升人们的睡眠质量。

大部分商场中都有餐饮空间，这类空间属于封闭空间，通风效果较差，空气质量自然不能令人满意。为了提升顾客的用餐体验，可以在玄关、墙壁等位置选择合适的花卉作为摆设，不仅能在视觉上提升空间设计效果，还能改善空气质量，提升顾客的体验，从而提升餐厅的服务品质，改善人们的生活品质。

3.改变室内空间功能

不同的花卉使用情况可以产生不同的作用，尤其是在功能空间的划分和处理方面。这一点主要表现在以下几个方面。

（1）分隔空间布局

在较大的空间中，可以利用花卉对空间进行分隔，为原本功能单一的空间添加更多的空间功能，使空间实现价值的最大化，提升空间的利用率。例如，在客厅与正门之间，可以将各种藤枝、绿植、鲜花等要素相结合，形成一个隔断，既能分隔空间，又能起到装饰作用，增加客厅的私密性。公共空间中也可以利用花卉分隔空间布局，如可以利用花卉将各个桌位分隔成相对独立的空间，营造特色包房的氛围。

（2）指示引导作用

室内空间具有整体性，因此指示标牌等指引方向的物品会在空间中过于突兀，破坏室内空间的整体美感。花卉本身具有丰富的色彩和美观的造型，能够吸引人们的目光，可以代替指示标牌，实现指引方向、提示位置等作用。以花卉作为指示标牌能够在潜移默化之中改变人们的行进路线，让人们在欣赏空间设计美感的同时按指定路线行走。

（3）承接空间的连续性

在中国园林设计中，经常会看到隔断、门厅等位置会采用镂空的设计，而在镂空的位置添加各种各样的花艺作品，可以使人们在欣赏花艺的同时，透过镂空的空隙观察另一侧的部分景色。这种若隐若现、虚实结合的艺术展现手法，能够吸引人们的好奇心，同时还能使不同空间的景色互相渗透，在视觉上彼此关联，增强不同空间的连续性。可以说，这种手法对空间内涵的表达有着不可或缺的重要作用。

（4）处理空间死角

室内空间难免会受到建筑架构和空间形状的影响，产生装饰死角。这种死角的产生会让这一处空间与整体的设计风格格格不入，严重影响空间氛围。在空间死角布置花艺，可以对空间起到点缀的作用，甚至可以将此处变为空间设计的亮点，提升空间设计的丰富度，改善空间效果。这种装饰方式成本低，效果明显，具有较强的实用性。

第三节　室内绿化材料的选择和配置

一、室内绿化材料的类型选择

（一）盆栽观叶植物

观叶植物泛指以叶为观赏目的的一类植物，它是目前室内装饰应用最多的一类植物，可分为草本观叶植物和木本观叶植物。

草本观叶植物一般为中小型植物，多摆放在桌面上，主要包括蕨类、天南星科、百合科、竹芋科、凤梨科、秋海棠科中大部分叶片有一定特色的属种。常见的有肾蕨、花叶芋、花叶万年青、龟背竹、吊兰、秋海棠等。

木本观叶植物体形一般较高大，属于大中型室内观叶植物，多用于公共室内空间或家居环境中的客厅等较宽敞的建筑环境。常见的有橡胶榕、垂叶榕、发财树、巴西木等。

（二）盆栽观花植物

室内观花植物一般选用大而艳丽的花，以使满室生辉，光彩夺目。如果室内环境条件不佳，如通风不良、光线不足、湿度太低等，就会限制观花植物的正常生长。一般来说，只有在观花植物花期才将其搬进室内进行装饰。

室内观花植物按其周期可分为一年生和多年生类。一年生观花植物一般为草本花卉，如矮牵牛、荷包花、金鱼草、四季报春等；多年生观花植物包括木本、草本、球根、宿根和兰花等类，有代表性的种类如杜鹃、扶桑、一品红、倒挂金钟、仙客来、朱顶兰、非洲秋海棠、大花蕙兰等。

（三）盆栽观果植物

用于室内装饰的观果植物一般具有果型奇异、色彩鲜艳等特点，并且它们的果期较长。这类植物主要有盆栽金橘、四季橘、佛手、观赏苹果等。另外，还包括一些果色艳丽的植物，如朱砂根、虎舌红、安石榴，以及茭莲属的一些植物。这些植物大多可以用于盆景制作，达到果实跟树形一起观赏的效果。

（四）盆栽多肉多浆植物

多肉植物泛指一些叶、茎或根具有发达且特化储水组织的植物。这类植物多生长于干旱的沙漠，为了减少体内水分的蒸发与损失，它们的表皮多为角质化或覆有蜡质层，犹如皮革一样。多肉植物的呼吸作用与一般植物不同，它们一般晚上吸入二氧化碳，放出氧气。因此，多肉植物放在室内不仅能美化环境，还能增加空气的清洁性。多肉植物具有较耐干旱的习性，管理粗放，适合在干旱和闷热的室内陈设。多肉植物在园艺分类上又被分为仙人掌类与肉质植物两大类。

仙人掌类多肉植物是仙人掌科中的属种，约有 150 属 2 000 种以上，几乎全部原产于沙漠地区。广泛应用于室内装饰的仙人掌类植物有：仙人掌属、仙人球属、银毛球属、星球属、金琥属、昙花属以及令箭荷花属等。

肉质植物泛指除仙人掌类以外的多肉植物。在有花植物中，至少有 14 个科内含肉质植物种类，如番杏科、百合科、景天科、大戟科、萝藦科、龙舌兰科等。常见的室内装饰肉质植物有玉莲、芦荟和七宝树等。

（五）盆景

盆景是最具中国特色的室内绿化材料，是我国园艺界中的一朵奇葩。它集园艺、美术、文学于一体，是大自然的缩影，设计师可以尽情发挥。盆景可以把诗情画意融为一体，使人们获得美妙的艺术享受，故被誉为"立体的画，无声的诗"。盆景的配置，除了要考虑美观性，还要考虑植物的生长习性和室内环境特点。盆景设计中常用的植物有五针松、榔榆、铁梗海棠、罗汉松、六月雪等。

（六）插花

插花就是对具有观赏价值的植物的花、枝、叶等材料进行一定的技术处理和艺术加工，然后将它们插入容器中，组合成精美的、具有立体造型的花卉装饰品。插花艺术是融植物学、美学、文学、几何学等学科于一体的造型艺术，主要有以下几个特点：①装饰作用强，装饰效果佳；②创造性强，具有新鲜感；③制作方便，人人可为。

二、室内绿化材料的配置方式

（一）孤植

孤植，单从字面便可理解，就是单株放置，是最为灵活的配置方式，为人们所广泛采用。盆栽是最为常见的孤植，通常被放置于室内空间的过渡变换处，以对景或配景的方式呈现。例如，在家具或墙壁形成的死角处放置盆栽，可以使空间硬角得到填补与柔化；在案头或茶几放置盆栽，可以形成视觉中心，起到点缀室内空间的作用。

一般来说，宜于近距离观赏的，气味芬芳、色彩艳丽或叶形、姿态独特的观赏性较强的植物，适合单株放置，这样可以充分发挥它们的优势，如塔形南洋杉、非洲茉莉、鸭脚木、袈椤、棕竹、龟背竹、桂花、印度榕等。

（二）附植

附植是指让一些藤类或气生植物附着在其他构件上，以呈现出较好的造型的配置方式，包括悬垂和攀缘两种形式。

悬垂就是把种植藤蔓植物或气生植物的容器放在高于地面的地方，使植物自然下吊的配置方式。可将容器置于柜顶、书架上方，也可将植株直接种于墙上的固定槽内，形成壁挂悬垂。藤蔓植物或以叶取胜，如常春藤叶色常绿；或以花迷人，如凌霄花花色艳丽；或重在观果，如葫芦果形有趣等。藤蔓植物能迅速增加绿化面积，在室内绿化特别是立体绿化领域的用途广泛。

攀缘就是将缠绕性或攀缘性的藤本植物附着在水泥、竹子、木材等制成的架子、柱子或棚上，使之形成绿架、绿柱或者绿棚的配置方式。藤本植物的茎干细长，不能直立，只能匍匐于地或依附其他物体才能生长，其形态随附着物形态的变化而变化，给室内设计造型带来无限的想象与创造空间。

（三）列植

列植是指按一定株行距排列成行布置的配置方式，用于两株或两株以上的植物，两株的称为对植，多株的则分为线性行植和阵列列植两种。

出入口或门厅采用对植的最多，一般选用两株较为高大的形态独特的观叶或叶花兼具的木本植物，以形成引导和标志。

线性列植多使用盆栽或花槽，既能划分和限定空间，又可组织和引导人流。可根据观赏与功能需求的不同选取植物。为保持整体协调性，一般选用大小、色彩、体态相同或相似的植物。阵列列植可以看作线性列植的集合，高大的木本植物是常见的采用株型，如棕榈科单生型的蒲葵、桑科榕属的垂叶榕等。阵列列植比较适合公共室内空间，如宾馆、购物中心的中厅等。

（四）群植

按照一定的美学原理，将两株以上的植物组合在一起的配置方式，称为群植。群植一般数量较多，以群体美的表现为主，有"成林"之趣味。

通过梯形台架，一定数量的盆栽可组合形成群植。可以根据需要随时进行调整组合，简单方便。在室内庭园，通常由体形较大的植物形成"林"形景观，其基本原则是中央选取高的常绿植物，边缘选取矮的落叶或花叶植物。这样既可以保证植物的茁壮生长，又不使植物相互遮掩，若能搭配山石水景，形成的室内园景将更加别具风味。

第四节　室内绿化设计的方法

一、公共空间室内绿化设计方法

公共空间是指室内空间带有公共使用性质的建筑空间。各种公共空间的使用功能和特征都不相同。公共空间主要包括办公空间、酒店宾馆、医院等。由于公共空间的空间建筑面积相对较大，人群相对密集，所以在进行室内绿化设计时应当具体问题具体分析，必须符合功能要求，也就是满足实用的功能。当然，还应当考虑到植物本身的生理习性，最大限度地发挥其功能性，来创造一个良好的室内生态空间。

（一）办公空间的绿化设计方法

现代办公空间的设计越来越人性化，办公室、写字楼一般都会进行绿化应用，但大部分应用的主观性较强，科学性相对较弱，绿化的效果也因此有所折扣，有些甚至造成不良影响。而且，如果后期养护不当，导致植物枯萎或死亡，则不会带给人美感，反而带给人压抑。

办公空间应营造一种积极向上的环境氛围，在美化环境的同时帮助增强员工的主动性，提高员工的创造能力和工作效率。为此，在选择植物时，应在科学的指导下增加其多样性，不论是在形态上还是在色彩上。空间的透光性、大小、布局，与植物的株型、品种、色彩，以及二者的配置方式都会对员工的心理甚至生理产生不同的影响。仅以色彩为例，有研究表明，绿色观叶植物在营造轻松愉快的环境中的作用首屈一指，白色花植物能够在激发员工平静与快乐的情绪的同时缓解员工压力，黄色花植物和橙色花植物能够在激发员工平静与快乐的情绪的同时使员工的工作热情增强、工作效率提高。因此，在办公环境中，推荐尽量多使用绿萝、白掌、水仙、小向日葵等绿色观叶、白色花、黄色花或橙色花植物。红色花植物和粉红色花植物在带给一部分员工快乐感受的同时，也会使一部分员工感到紧张甚至悲伤。因此，在办公环境中，红色非洲菊、一品红、粉红色非洲菊等红色花或粉红色植物应谨慎使用，或小面积搭配使用。

不同的职能部门可根据办公性质摆放不同的植物。例如：高层领导办公室可摆放君子兰、一帆风顺等带有积极意义的植物；财务部门可以摆放节节高、发财树等含有财源意义的植物；会议室在平时可摆放绿萝、苏铁等耐阴性较好的植物，使用时则可配合会议主题适当增加一些观花类植物；办公集中区域可以多摆放一些能够吸收辐射和有害气体的植物；等等。

（二）医院室内空间的绿化设计方法

医院是人们日常生活中必不可少的公共空间，在对其进行室内绿化设计时，要充分地考虑到不同空间的不同功能、使用者的心理和生理因素。

在对医院进行绿化设计时要以严肃、整洁的整体环境为主要参考，在植物的配置上要选用便于养殖管理、形态整洁大方、色彩对比较弱的植物。因为病人是医院的主要服务对象，病菌的种类和数量相对较多，病人的心理相对不稳定，所以还要选用可以起到杀菌、抑菌效果和有平和心态作用的植物。当然，在医院进行绿化设计时还应当照顾到医生和护士等工作人员的感受。

医院的大厅由于人流量相对较大，公共区域面积较大，空气质量较差，在进行绿化装饰设计时可以放置一些大型的盆栽观叶类植物，在形态和色彩上以简洁大方为主，如散尾葵、铁树、虎皮兰等，这样既可以增加空间的层次感，引导空间的通道，打破空间的生硬，又能起到杀菌、抑菌、调节病人心情的作用。

医院的病房是病人休养治疗的地方，本着人性化的设计，在进行绿化设计时应以病人为主，让病人感觉平静安宁，对治疗和康复充满信心。因此，可以摆放一些竹芋、绿萝、吊兰、芦荟等小型的观叶类植物或者插花；尽量不要摆放有刺的类似于仙人掌，或者花香味很浓的类似于白玉兰之类的植物，以避免给病人带来危险和不适。

医生值班室和护士站基本上都是昼夜值班，因此在选择绿化设计时可以选择一些类似于彩叶草、秋海棠、红掌等造型相对丰富、色彩相对艳丽的植物。这些植物不但可以使医务工作者心情愉悦，调节工作气氛，而且可以美化单调的室内空间环境。

（三）酒店厅堂的绿化设计方法

厅堂是酒店的门面，集中体现着酒店的修养与品位。厅堂内的空间区域较大，一般用于客人咨询或办理相关手续，并摆放有沙发、茶几等物件供人休息。因此，厅堂的绿化应凸显酒店的特色。一些高档酒店会选择在此建造室内花园小品，营造一种拥抱大自然的感受。

不同的植物对环境有不同的要求，室内空间的特殊性又要求有相应的植物绿化与之配合。选取植物，首先考虑的是酒店门厅的朝向及光照条件、温度、湿度等因素，那些容易成活、富有装饰性、季节性不太明显的植物为首选。一般来说，体形较大的植物适宜靠近厅堂的角落、柱子或墙；体形中等的植物可放在桌边或窗台上，以突显总体轮廓利于人们观赏；体形较小的植物可种植在美观的容器中，置于桌面、橱柜的上方，使容器和植物作为一个有机整体供人们欣赏。其次，要考虑植物的品格、质感、形态、色彩等要素，与整个酒店的性质和用途相协调，以"精"为主，突显性格，避免种类过多造成杂乱无序现象的出现，避免出现耗氧高和有毒的植物。最后，还要结合文化传统与人们的喜好进行选取。例如：在我国，牡丹寓意高贵，萱草寓意忘忧；在西方，百合寓意纯洁，紫罗兰寓意忠实永恒。另外，可以利用植物的不同搭配组合或植物的季节变化，营造不同的气氛和情调，使人们获得常变常新的感觉。

二、住宅空间室内绿化设计方法

住宅空间主要包括客厅或起居室、卧室、餐厅、厨房、卫生间、阳台等空间。在对这些空间进行绿化设计时，应充分考虑与室内整体的装饰风格相协调，了解每个空间的面积、色调、使用用途等特点，结合植物本身的生长习性来科学、合理地配置植物，达到美化环境、愉悦身心的目的。

（一）客厅的绿化配置应用

客厅是家人团聚、起居、会客、娱乐、视听活动等多功能的居室空间，中国称之为"厅"或"堂"，西方则称之为"客厅"或"起居室"。根据家庭的面积标准，有时兼有用餐、工作、学习等功能。因此，客厅是住宅空间中使用活动最集中、使用频率最高的核心空间，在绿化配置上更要充分地考虑到与室内整体空间的协调性。

客厅相对来说是居室中面积最大的空间，在对客厅进行绿化设计时可以放置一些形体相对较大的植物，也可以群植些形体较小的植物。在配置植物时，要充分考虑客厅的空间面积、通道的走向、整体的装饰风格，尽量做到美观大方又能调节气氛。如果客厅与餐厅兼容，可以适当配置一些龙血兰、鹤望兰等植物，既能美化环境，又能对两个空间形成一种自然的分割。因为客厅是居室里面最主要的视听空间，所以在配置绿化时应当尽量不要对其形成干扰。若是客厅的面积相对较小，可以适当地配置一些小型观花、观叶类植物或小型盆景。例如，在茶几中央或电视机旁边、空调上方、博古架等位置，放置一些常春藤、吊兰、牵牛花、绿萝等小型的蔓藤类植物，既可以美化环境，减少电器带来的辐射，又不影响视线和通道。

在进行客厅的绿化配置时，也要充分考虑所选择植物的生长习性。对于米兰、茉莉、长寿花、玉麒麟等喜阳的植物来说可以选择方向朝南的客厅进行摆放。而对于仙客来、龟背竹等喜阴的植物来说，摆放在朝北向的客厅更适合其生长习性。

对客厅进行绿化设计时还要充分考虑空间的整体装饰风格和色彩搭配。所选择的植物配置要和整体空间环境相协调。例如：将菊花或者人参榕盆景放置于中式风格的客厅中，既庄重典雅又不失情趣；将红钻或橡皮树等色调相对偏重的植物放置于色彩空间明快的客厅中，可以体现沉稳的风格；将蝴蝶兰、白掌、水仙等色调较浅的植物放置于色彩相对较深的客厅中，可以起到画龙点睛的作用。

（二）阳台的绿化设计方法

阳台是现代居室必不可少的组成部分，它既具有晾衣、储物等实用功能，又具有养花、健身等休闲功能。阳台是连接室外风景与室内景观的桥梁，它本身就是一道风景。阳台绿化不仅仅能美化环境、清新空气，更能使整个居室充满绿意和生机，是室内营造如画风景的最佳场所。

对阳台进行绿化，既要布局得当，又要注意色彩搭配，要使绿化与环境协调统一。阳台通常可分为外阳台和内阳台两种：外阳台向外界敞开，内阳台则采用塑钢窗或合金窗与外界隔离。我们在此主要研究的是内阳台的绿化应用。

绿化阳台，首先需要考虑的是阳台的朝向。若是南向阳台，在春季、秋季、冬季均可当作天然小温室，良好的通风采光性适合大多数植物的生长。需要注意的是光照强、温度高、湿度不定的夏季，可在此季节换植多肉的仙人掌、芦荟等耐热植物。若是北向阳台，常年光照不足，适合竹芋类等耐阴植物的生长。需要注意的是，若在北方的冬季，则需把越冬温度高于北窗阳台温度的植物移至室内，以免冻伤。另外，北向阳台夏季的避暑性较好，可将放置在南向阳台的一些不能接受阳光直射的植物移放到这里，以免发生叶片被灼伤等的情况。东向阳台接受阳光照射在上午，可摆放不耐高温的观花观叶植物。西向阳台接受阳光照射在下午，可摆放较耐高温的观叶植物，或选择植株较为高大的耐高温植物，在它的下方放置不耐高温的其他品种植物，通过立体绿化形成错落有致的景观。

阳台的面积较为有限，要根据空间的位置和大小选择绿植。为节约空间，可引入立体的阶梯式花架布置盆栽，将藤蔓类植物种植在颜色、大小、材质、造型等各不相同的容器中，再悬吊起来。也可以在装修时就在地面、台面或墙壁上做些花槽。无论采取哪种形式，都要注意绿化布局的安全、牢固和平稳，保证管理和清洁方便，防止盆栽过重或槽底漏水。

改造式阳光房多为阳台和厅室的组合空间，通常是将阳台或露台进行改造后再用通透的玻璃门单独隔离开来的封闭空间，因此可以将其视为阳台的一种。阳光房的面积一般大于封闭式阳台，很多人将其当作会客场所或休憩、放松的休闲区，其颜色大多为浅色，配以鹅卵石等天然材质进行装饰。在绿化应用时可根据空间布局设计假山及水池，同时选取多层次植物进行配置，形成立体的绿化群。比如，将棕竹、巴西木等体形较大的植物置于上层，将海芋、龟背竹等对光照有一定要求的植物置于中层，将天南星科及蕨类等耐阴植物置于下层,墙角则配以藤本植物。通过这种全方位的绿化,不仅能更好地净化空气,还会使景观的层次更加丰富。

(三)卧室的绿化设计方法

休息是居室内部空间最基本的功能,而卧室又是让人休息和睡觉的地方。所以卧室的一切设计,都是为配合人们休息和睡眠的。因此,卧室在整体的装饰设计、色调的选择、绿化的配置都要契合休息的主题,保证空间的幽静效果和私密性。

在对卧室进行绿化设计时,要符合卧室宁静舒适的特点。在面积较大的卧室中,可以配置一些杜鹃或者红豆杉一类的形体相对较大的观花或观叶类植物。在面积相对较小的卧室,要以"精、简"为主,可以配置文竹或茉莉等形体较小的植物。当然,也可以在梳妆台或床头柜等地方放置一些水培植物或插花。为了不影响人们的正常休息与睡眠,对卧室进行绿化设计时尽量不要选用香味太浓或有异味的植物。

由于卧室的主要功能就是让人休息和睡觉,因此卧室应当尽量放置一些色彩相对淡雅的植物,这样有利于人们的睡眠。在植物本身的生态习性上,可以选择一些像仙人掌、景天等植物。因为它们在夜间进行光合作用,吸入二氧化碳,呼出氧气,可以增加室内的含氧量。但是,如果在卧室放置仙人掌一类的带刺植物,一定要考虑到安全性。尤其是有老人或儿童居住的卧室,在选择绿化植物时应尽量地选择一些清新、安全性高的观叶植物。

在对卧室进行绿化设计时,要做到与房间的整体风格相协调,营造出温馨、舒适的环境,这样才有利于人们的休息和睡眠。

(四)厨房的绿化设计方法

厨房是进行煮饭、烹饪的场所,一般空间比较狭小。因此,摆设植物以小型的观叶植物为宜,还要注意植物的摆放位置,不管选取什么植物都不宜靠近灶台,以免造成植物的烧伤或烫伤。厨房中通常会放很多家用电器,通过色彩、造型丰富的植物来绿化,不仅可以柔化其硬朗的线条,给厨房注入活力和生机,而且可以减少家电使用过程中所释放的有害气体,净化空气。

厨房一般位于阴面,光照少且油烟重,选择绿化的植物要耐阴且耐油烟,如星点木、冷水花等。还可摆放橙色花或粉红色花植物,以给厨房增添更多的活力。若厨房朝向东窗，可在冰箱附近或桌台方便处摆放红色花卉，取其红日东升之象征意义，给人温馨愉悦的感觉；若厨房朝向南窗，可选取绿色的阔叶植物进行摆放，因为南窗厨房采光较好，特别是在夏季的正午日晒强烈，容易引起人的不安与焦躁，绿色的阔叶植物不仅能够缓和日晒，还有助于缓解人的焦躁情绪；若厨房朝向西窗，可将三色堇、龙舌兰等小型花卉摆放在窗边。曼陀罗、彩叶芋、玉树珊瑚等有毒有害植物切忌进入厨房，以免引起误食。可将具有杀菌作用的紫罗兰、桂花、石竹、柠檬、茉莉等放置于厨房中，这些品种对人体无害，其所散发的淡淡香味还能够带给厨房操作人员愉悦的心情。有条件的话，可以在采光较好的窗口种植一些葱、韭菜、迷你番茄、朝天椒等蔬菜，既美化环境，又方便食用。还可考虑将暂时不吃的蔬菜摆放于果篮或台面上，甚至将其挂在墙壁上进行装饰。

（五）卫生间的绿化设计方法

在居室住宅空间中，虽然卫生间面积相对较小，但是使用频率却很高。随着环境条件的改善，人们对卫生间的要求也越来越高，卫生间在朝着科技化、舒适化、美观化的方向不断发展。

由于采光性差，环境湿度大，卫生间适合配置一些喜阴耐湿的绿植，或者一些类似于绿萝、芦荟等对光照要求低的小型植物。

卫生间一般不适合放置体形较大的植物。当然，也可以根据实际需要配置一些吊挂类小型盆栽，但是注意不要妨碍淋浴或浴霸的正常使用。

（六）书房的绿化设计方法

书房在住宅中具有独特地位，它是人们在家读书、学习的场所。在信息化办公成为主流的今天，书房还是人们在家办公的场所。因此，书房既是家居生活的重要组成部分，又是办公室的延伸。在应用绿化的过程中，一定要与书房集生活和工作于一体的双重性相结合。

书架、桌椅是书房内的必备家具。若书房内的空间面积较大，可以设置博古架，通过书籍、颜色淡雅的观花植物或观叶植物盆栽、山水盆景、简洁的插花或其他小摆设的摆放，营造一个优雅的具有艺术气息的读书环境。若书房内的空间面积有限，可选择少量的五针松、文竹等较矮小的松柏类植物，或者放置小巧玲珑的多肉多浆植物组成迷你盆景，或选配网纹草、椒草、兰花等小型的精致的观叶植物。根据植物形态和生长习性的不同将其摆放在不同的位置，或置于书架上，或放于写字台上，或吊挂于墙壁上等。

　　一般来说，书房以静为主，应用绿化时要做到利于读书、学习和工作，在植物选择上倾向于幽雅、秀美的植物，观叶植物或棕蕨类植物都是不错的选择。例如：在电脑桌上摆放仙人球、铁线蕨等多肉多浆类植物，不仅能够吸收电脑辐射、清新空气，还有利于缓解疲劳、激发人的工作热情；在书架或书桌上摆放君子兰、吊兰等植物，不仅大方美观，还能提神健脑，其所营造的优雅气氛有利于人们放松身心。在绿化色彩的把握上，应以平和、稳重为主。一般来说，明亮的无彩色、冷色调、灰棕色等中性颜色均有助于人们保持平稳的心境，其间可点缀一些和谐色彩加以过渡，不宜使用大面积的艳丽色彩，数量和品种也应以精简为主。

第五节　室内绿化植物的养护与管理

一、栽培基质与容器

（一）栽培基质

　　室内植物的栽培方式有土培、介质培、水培、附生栽培四种。

　　土培：主要用园土、泥炭土、腐叶土、沙等混合成舒松、肥沃的盆土。这是一种比较常见的栽培方式，适合大部分植物，如鸭脚木、龟背竹等。

　　介质栽培：材料有陶砾、珍珠岩、蛭石、浮石、锯末、花生壳、泥炭、沙等。介质栽培适用于作支撑物栽培的植物如蕨类植物、兰科植物等。

　　水培：主要指用水栽培的植物，如水仙、富贵竹等。

　　常见的附生栽培：利用朽木、岩石（主要指假山石）附生栽培植物。日常管理中注意喷水保湿即可。

（二）容器

室内绿化所用的植物，多采用盆栽，另配以钵、箱、盒、篮、槽等容器。由于容器的外形、色彩、质地各异，常成为室内陈设艺术的一部分。容器的选择可以从以下两个方面进行考虑。

1.容器的实用功能

选择容器首先要考虑容器的大小，这是一个硬性需求。容器要想满足植物生长要求，要有足够体量容纳根系正常生长发育，同时要有良好的透气性和排水性，并坚固耐用。固定的容器要在建筑施工期间安装好排水系统。移动容器，应垫上托盘，以免弄脏室内地面。

2.容器的美化功能

室内绿化设计归根到底是为了美化室内。而作为承载室内植物的容器除了满足使用功能外还附带着作为室内陈设的作用，其选择也是比较考究的。容器的形态在这里主要从容器的颜色、造型、质地等方面进行考虑。

（1）颜色

在进行选择时，既要考虑到容器与植物色彩、大小的搭配，又要与整个室内大环境的色调相协调。如若植物的植株较小，色彩比较单一，可选用颜色比较明快、艳丽的容器。这里要注意，由于植株较小，与之相搭配的容器也宜小巧玲珑。这样的搭配放置在室内的角落，给人的视觉冲击力，有一种点到为止的感觉。反之，如果植物比较高大，枝叶比较茂盛，容器就不宜选用过于耀眼的，而应该选用比较沉稳的颜色，防止大面积的亮色与整个室内环境无法协调。

（2）造型

这个与植物的性格特征有关。一般来说，容器的造型不宜过于复杂。应简洁明快，突出植物主体，容器造型也一般以对称的形式为主。不过，有些插花或者盆景例外。插花与盆景一般讲究意境，特别是插花所用的容器要与选用的植物相呼应。有时候会选择比较夸张的造型，以突出主题。

（3）质地

容器的质地一般有泥质、陶瓷、瓷器等，但是随着现代科技的发展，也出现了塑料、玻璃等质地的容器，此外还有插花惯用的花篮等编织容器。因植物和用途不同，常用的容器种类依构成的原料分为素烧泥盆、塑料盆、陶盆、玻璃盆、木桶、吊篮和木框等。

它们有不同的大小、式样和规格，可依需要选用。

二、绿化植物的生长条件

（一）光照

光照是室内植物生长最敏感的生态因子。跟室外植物一样，影响室内植物正常生长最重要的也是光的三要素，即光照的强度、时间和光质。

1.光照强度

室内观赏植物跟室外植物类似，也根据其对光照的不同需求分为阳性植物、阴性植物、中性植物。若想使观赏植物保持叶色新鲜美丽，就必须将其陈设在适当的地方。如喜光的阳性植物，宜放在靠近窗边；阴性植物，则可以放在远离窗边的角落隐蔽处。

阳性植物喜阳光，在全日照下生长健壮，在庇荫或弱光条件下生长不良或死亡，如变叶木、仙人掌科、景天科和番杏科等部分植物。

阴性植物要求适度庇荫，在室内散射光条件下生长良好，在光照充足或直射下生长不良，如蕨类、兰科、一叶兰、八角金盘、天南星科等。

中性植物对光照的要求介于两者之间，一般需要充足的阳光，但具有一定的耐阴性，在庇荫环境或室内明亮的散光下都能生长较好，如香龙血树、印度橡皮树、红背桂、苏铁、常春藤、虎尾兰等。

室内观赏植物虽然能适应室内微弱的光照条件，但由于长期生长在室内，叶片上易积滞灰尘，水肥管理不便，而且室内空气流通不畅，空调等电器也会对室内观赏植物产生影响。盆栽植物的向光源一侧和背光源一侧的光照强度差异较大，容易生长不均衡，所以应注意定期转盆或更换植物的放置位置。

2.光照时间

光照时间是指植物每天接受光照的时间，用小时来衡量。植物的所有生长发育环节都与光照的长度有密切的关系。植物对日照长度的需求是与其原产地分布的经纬度有关的。根据日照长度，可以将植物分为长日照植物、短日照植物、日中型植物和中日型植物四类。长日照植物是当日照长度超过它的临界点时才能开花的植物，短日照植物是当日照长度短于临界点时才能开花的植物；日中型植物是在任何日照下都可开花的植物，对日照不敏感，如月季、天竺葵等；中日型植物则要求日照时长接近 12 小时。根据植物这一生理特性，人们可以通过在室内人为调整光照时间来控制植物的开花，给我们的室内空间增添一抹色彩。

3.光质

光质是指光的波长，用纳米来量度，太阳可见光的波长为 380~700 nm；植物的光合作用并不能利用所有波长的光能，而是只能利用可见光。对植物而言，红光和蓝光是最佳光源。在室内空间中，植物经常是通过玻璃获得光线的，因此玻璃的性质就非常重要。白玻璃能够均匀的透射整个可见光的光谱，为植物提供最适当的光谱能量，但可能让人感到不适。因此，人们常使用有色玻璃减弱室内光强，但会影响植物的正常生长。

（二）温度

温度是室内植物养护的重要环境条件。观赏植物的特殊叶色、叶质都是在特定的温度环境中形成的。不同的观赏植物对温度的要求各不相同，大部分室内植物需要较高的温度，生长的最适温度为 25~30 ℃。有些植物在 40 ℃的高温下仍能旺盛生长，但大多不耐寒，温度降到 15 ℃以下生长机能就会下降。不同的观赏植物，因原产地的不同，对温度适应的范围也有差异。冬季低温往往是限制植物正常生长的最大因素。由于原产地的不同，各种植物所能忍耐的最低温度也有差别，如：万年青、孔雀竹芋、变叶木、花叶芋、龟背竹等的越冬温度在 10 ℃以上；龙血树、散尾葵、袖珍椰子、夏威夷椰子、发财树、吊兰、虎尾兰、垂叶榕、鹅掌柴、凤梨类植物等的越冬温度在 5 ℃以上；荷兰铁、丝兰、酒瓶兰、春羽、天门冬、鹤望兰、常春藤、棕竹等的越冬温度在 0 ℃以上。

目前我国一般的大型公共建筑，如写字楼、宾馆、酒店、候机大厅、商场、医院等处的室内温度完全可以按人们的意愿依靠技术手段加以控制，以保持相对稳定的温度。因此，相对于室外而言，室内温度变化温和得多。这些地方的最低温度可能不是限制室内植物正常生长的主要因素，但长期的恒温条件可能对植物的生存造成不良影响。

由于植物是变温性的，对温度具有一定的忍耐幅度，一般满足人的室内温度也适合植物。正因考虑到人的舒适度，所以室内植物大多是来自原产地为热带、亚热带的植物。温度的作用固然很重要，但是它和光照、湿度、通风等因子共同作用于植物。

（三）空气

空气中的二氧化碳和氧气都是植物进行光合作用的主要原料，这两种植物的浓度直接影响植物的生长和开花状况。二氧化碳浓度越高，植物进行光合作用的效率也就越高。

空气中还常含有植物分泌的挥发性物质，其中有些能影响其他植物的生长，有些具有抑制细菌的作用。当然，也不是植物越多越好。绿色植物晚上也要进行呼吸作用而停止光合作用，会消耗氧气，释放二氧化碳。因此，早上进行必要的通风是非常必要的。多肉植物是晚间释放氧气，所以在卧室摆放几盆多肉植物是非常有益于睡眠的。

大多数室内植物对空气中的污染都比较敏感，一些工业废气如氯气、氟化氢、一氧化碳、二氧化硫等或空气中的粉尘都会影响其正常生长。在这些地区应使用空气调节器或空气过滤器来净化进入室内的空气，或选择一些耐污染的植物，如仙人掌类、多肉植物、南洋杉、橡皮榕等作为室内绿化装饰。

改善室内的通风条件，尽量避免或减少有害气体的侵害，是保证室内植物健康成长的有效措施之一。

（四）湿度

室内观赏植物由于原产地的雨量及其分布状况差异很大，需水量差异也较大。为了适应环境的水分状况，植物在形态上和生理机能上具有特殊的要求。

室内植物除了个别植物比较耐干旱，大多数植物在生长期都需要比较充足的水分。水分包括土壤水分和空气水分两部分。由于大部分室内植物是原产于热带或亚热带森林中的附生植物和林下喜阴植物，所以空气中的水分对植物生长特别重要。但是，由于室内观叶植物原生长环境的差异性，所以它们对空气湿度的需求也不同。需要高湿度的植物有黄金葛、白鹤芋、绿巨人、冷水花、龟背竹、竹芋类、凤梨类、蕨类等；需要中湿度的植物有天门冬、散尾葵、袖珍椰子、夏威夷椰子、发财树、龙血树、花叶万年青、春羽、合果芋等；需要较低湿度的有酒瓶兰、一叶兰、鹅掌柴、橡皮树、棕竹等。

室内观赏植物对水分的需求也会随季节的变化而有所不同。一般来说，植物在生长期需要较高的空气湿度才能正常生长，休眠期则需要较少的水分，只要保证生理需要即可。春夏季气温较高，气候干燥，须给予充足的水分；秋季蒸发量大，也须给予充足的水分；冬季气温低阳光弱，需水量较少。

室内观赏植物在各生长发育阶段也具有不同的需水要求。室内观赏植物以观叶植物为主，而一般茎叶营养生长阶段必须有足够的水分，若在冬季或夏季处于休眠状态则无须过多水分。

室内环境水源一般都有保证，因此只要精心管理就不存在植物缺水的情况。但空气湿度这一因素往往被忽视。实际上，空气中的湿度对室内植物的影响并不亚于土壤湿度。室内较低的湿度常常会使那些对湿度敏感的植物的叶子受害，尤其是一些湿生植物、附生植物、蕨类植物、苔藓植物、凤梨类植物等。室内植物的需水程度比室外植物小得多。室内几乎无风，光照强度及光照时间都相对减少，水从叶表面和根部培养土中蒸发的量大大减少，因此水主要用于满足其生理需要了。

三、室内绿化植物培植技术

（一）叶面清洗

在没有降水的室内空间，植物的叶面上容易积压灰尘、空中游离物以及枝叶的分泌物，如果长期不进行清洗，植物的蒸发作用、呼吸作用和光合作用都将减弱，从而导致植物生长不良，病虫害增加，外观效果变差。一年中有必要对植物叶面进行多次清水清洁，也可通过雾状喷射进行清洗。

（二）枝叶修剪

室内植物生长过程中，容易引发叶少、叶薄、下肢密集、顺光生长、发芽开花时期不稳定等问题。剪枝是为了更好地保持植物的生长形状，但高强度的修剪容易导致植物枯萎，最好分多次进行修剪。

（三）植物替换

由于室内空间中环境压力较大，一种植物在同一地点长时间生长会有生长不良现象。植物健康生长时间的长短因植物的抗性和承受环境压力的不同而不同，因此有必要在一段时间后对植物进行移植。种植替换有多种形式，如更换新植物，在稀疏部位补种植物等。通过替换种植，可以使花卉植物和秋叶植物在室内空间中创造多变的四季景观。同时也可以频繁地更换草花植物，创造春意盎然的景色。

第八章 现代室内设计的优化

第一节 室内设计教学优化

室内设计教学一般都包括"设计理论—概念设计—模拟项目设计—实践项目设计"等过程。从开始的设计理论阶段要求的直观形象思维和抽象逻辑思维的融合,过渡到激发想象力和表现力的概念设计,然后是考虑设计方案合理化和设计具体实施训练的模拟项目设计,直至最终考验设计综合能力,面向就业的实践项目设计。在复杂的室内设计中,多种学科知识交融,单一的形象思维训练是远远不够的。虽然它在直观反映设计的结果上具有重要作用,但离开了抽象逻辑的合理性构想,它将使设计成果"纸上谈兵、镜花水月"。因此,应将形象思维训练和逻辑思维训练相结合,并适时进行模拟设计练习,组织校外调研及项目考察。

室内设计教学是教师传授室内设计行业知识和实践经验的过程。在这一过程中,需要逐渐完善理论和实践的联系,这就要求:以直观的仿真缩小比例的空间模型辅助教学,帮助学生理解空间的概念、空间的形态结构、空间的功能划分、空间的尺度关系等。一方面,要将平面化的纸上思维转化为立体空间思维;另一方面,要借助模型的结构讲清外部建筑形态与内部空间的关系。也可以让学生自己制作室内设计模型,帮助学生更好地理解室内结构及室内家具的尺度和材料。除了利用模型辅助教学,加深学生对空间知识的理解,还要和建筑考察和室内设计实例考察相联系。室内设计行业的实践特性要求设计者必须了解装修装饰流行资讯、行业前沿科技发展情况、经典和著名的室内设计作品,不能只依靠课程教学。定期的校外行业调研和项目考察参观是学生了解实践知识和行业先进经验的重要手段,如考察一些有特点的建筑群体或旅游区有特色的建筑。

在设计作品的制作过程中,设计师是无法进行直接控制的。想要得到设计所预计的效果,作为设计主体的设计师就必须和施工制作人员进行协调和沟通。图纸化的设计需要最终转化为相应的实体,如果对装饰材料和施工工艺不够了解,设计就无法顺利进行。因此，要建立完备的实训实验室，帮助学生更好地了解装饰材料、施工工艺、照明设计、计算机辅助设计等。要建立固定的装饰材料样品陈列室和装饰施工工艺演示室，必要时聘请资深室内施工人员进行现场操作，演示室内工程施工过程。这样能够给学生提供最直观的施工实践经验，使学生更好地了解装饰设计效果。目前的环境艺术设计专业没有把照明灯光设计作为室内设计的重要组成部分，这不得不说是一个失误。照明设计对于室内环境的装饰和日常应用非常重要，理应取得和室内造型设计同等甚至更高的重视度。照明设计实训室的建立，还需要广大教师进行积极的探索和尝试。此外，模型制作实训室、家具制作实训室等也能在室内设计教育中起到很好的辅助作用。

环境艺术设计专业下有景观设计和室内设计两个方向，而室内设计如果再细分则有居住空间、商业空间、办公空间三个不同的就业方向。在室内设计教学中，应进行分类培养。虽然艺术设计学科的知识范围较为宽泛，但具有专项空间设计能力和经验的设计师在就业方面更具有优势。也就是说，知识联系性要"广"，而技能独特性要"专"。二者并不矛盾，而是相辅相成的。不同的空间类型需要不同的设计思考侧重点，也有不同的空间功能、形式审美方面的要求。教师在教学中应有所侧重，合理安排教学内容。

第二节　室内设计中意境设计的优化

一、意境在室内设计中的体现

凡优秀的室内设计无不是在追求着一种精神上的韵致，即意境的创造。意境是室内设计的灵魂与精华，是室内设计高层次的表现。那么何谓"意境"呢？意境本是中国传统艺术所追求的境界，是情与景的交融、意与象的统一。

人们对环境所能感知的东西不仅仅是实在的空间界面，还包括超出这些实体以外的某种气氛、意境和风格。人们能由此产生情感上的共鸣，从而得到美的享受与启迪。室内环境是由诸多元素，如空间形态、环境色彩、质地、光线、室内陈设、绿化等构成的。这些元素共同构成一种无声的语言环境，营造了独特的意境和情调，使人们在这个环境中产生联想，从而得到精神上的享受。

在进行室内设计时，必须考虑室内色彩的空间效果以及色彩的感情效果。色彩具有引起人们各种感情的作用，因此在设计时应巧妙地加以利用。色彩具有冷暖感觉。有的色彩使人产生温暖的感觉，如红色使人联想到火焰，橙色、黄色使人联想到太阳；有的色彩会使人产生冷的、凉爽的感觉，如蓝色、绿色、紫色，在冷饮厅内多用这些色彩。光线对于烘托室内环境气氛、创造意境有着很大的作用。室内设计中对光的运用包括对自然光的运用和对人工照明的运用。对自然光的运用主要有两个途径：一个是通过对透明玻璃顶的运用，使自然光穿过透明的玻璃顶射入室内；另一个是采用现代科技手段对自然光进行控制与调整，通过对采光口的处理来调整室内自然光照度。

室内环境对人工照明的运用是多方面的。根据照明的目的，可分为实用性照明和装饰性照明。其表现形态可分为"点"式表现形态、"面"式表现形态与"线"式表现形态。从数学意义上讲，点是只有位置而无大小的。但从形态学上讲，较小的形也被称为点，它可起到在空间环境中标明位置或使人视线集中于一处的作用。在室内环境中，如灯泡、聚光灯在界面形成的光斑等，只要相对于它所处的空间来说足够小，以位置为主要特征的光形都可视为光的"点"。线在数学上讲是"点移动的轨迹"。在形态学中，线的种类很多，有曲有直。有些线在视觉上是直观的，有些线的形成则是抽象思维所产生的结果。例如，在室内光环境设计中常在建筑的轴线上采用光带，以起到视觉导向的作用，并加强室内空间的延伸感，加强人流导向。面是线的运动轨迹，面也可以由扩大点或增加线的宽度来获得。在室内环境中，面的视感来自发光面和受光面两种造型因素。发光面是光透过漫射性材料形成的。在室内光环境中，界面的多样性与光照角度的不定性使受光面有丰富的表达。

空间形态的不同，会引起不同的情感反应，所隐喻的空间内涵也不同。从空间的种类上划分，可以把空间划分为：

（1）结构空间。通过对结构外露部分的观赏，来领悟结构构思及营造技艺所形成的空间美的环境，可称为结构空间。

（2）开敞空间。开敞的程度取决于有无侧界面、侧界面的围合程度、开洞的大小及启闭的控制能力等。开敞空间经常作为室内外的过渡空间，有一定的流动性和很高的趣味性，是开放心理在环境中的反映。

（3）封闭空间。用限定性比较高的维护实体（承重墙等）包围起来的无论是视觉、听觉等都有很强隔离性的空间称为封闭空间。

（4）动态空间，动态空间引导人们从"动"的角度观察周围的事物，把人们带到一个由空间和时间相结合的"第四空间"。

（5）悬浮空间，室内空间在垂直方向的划分采用悬吊结构时，上层空间的底界面不是靠墙或柱子支撑，而是依靠吊杆悬吊，或用梁在空中架起一个小空间，有一种"悬浮""漂浮"之感。

（6）流动空间。流动空间不把空间作为一种消极静止的存在，而是把它看作一种生动的力量。流动空间设计应避免孤立静止的体量组合，要追求运动的、连续的空间。

（7）静态空间。基于动静结合的生活规律和活动规律，并为满足人们心理上对动静的交替追求，在研究动态空间的同时也不能忽略对静态空间的研究。静态空间一般有以下特点：①空间的限定度较强，趋于封闭型；②私密性较强；③多为对称空间；④空间及陈设的比例、尺度较协调；⑤色调淡雅和谐，光线柔和，装饰简洁；⑥视线转换平和，没有强制性引导视线的因素。

室内陈设品包括室内的家具、室内绿化、室内的装饰织物、地毯、窗帘、灯具、壁画等。家具是室内环境设计中的一个重要组成部分，与室内环境形成一个有机的统一整体。室内环境意境的创造离不开家具的选择与组织搭配，家具是体现室内气氛和艺术效果的主要角色。室内绿化也是室内空间环境设计中意境表达的一个主要方面，它主要是利用植物材料并结合园林常见的手段和方法，组织美化室内空间，协调人与空间环境的关系，进一步烘托室内的气氛。总之，室内陈设品在室内具有很强的创造室内意境的作用。不同的陈设品会使人产生不同的联想，激起不同的情感，形成室内空间不同的格调与意境。

空间是有限的，意境却是无限的，作为现代的室内设计工作者，我们应在有限的空间内创造出无限的意境。一个平淡的室内设计，不会有永恒的审美价值，但一个具有强烈意境美的室内空间，所留给人的印象将是强烈的，是耐人寻味的，也将是具有无穷生命力的。

二、意境设计的原则

（一）健康生态

健康生态是现代室内环境设计首先考虑也是必须履行的基本原则，无论哪种设计，只要违背了这一原则，就会刺激人们的情绪，产生不良的后果。在室内设计中，过分夸张离奇的造型、阴暗沉闷的用色、坚硬粗糙的材质等会引起观者心理和生理上的不适，进而产生不良情绪和心境。在进行室内环境的意境设计时，健康即意味着没有丑陋、怪异和尖锐等能够导致人们感官不舒服的因素存在。

生态意味着生命力的永恒，和谐则是维持这种永恒的基础所在。室内设计追求人与室内环境之间的和谐，以及人与空间环境氛围的和谐。比如空间设计的尺度需符合人的正常尺度感，采光和通风也应当适应人的生理和心理健康需要，空间整体的环境氛围要有利于人保持乐观向上的生活态度。

（二）传情达意

意境不是凭空产生的，它要透过具体现实的物进行表现，它既依赖物的综合表现，又能够超越物的外象，达到心态、情感的共鸣。因此，意境称得上是一种"心象"。所谓"心随形动"，物的变化对"心像"的产生和变化也自然有着实质的影响。比如，当人们看到以前的生活照时，往往会想到过去的生活情景。可见，"心象"的产生很多时候要借助老照片这类有象征意义的物。例如：梅花的枝干遒劲有力，花朵清洁素雅、艳而不俗，常被用来象征"铁骨撑天地，微香映国魂"的英雄气概和"无意苦争春，只把春来报"的高贵品质；竹子则常用来隐喻"未出上时先有节，到凌云处更虚心"的人格品质。这些都是通过外物所表现的"心象"。

意境对"物"的依赖性也决定了构建意境的一切物质要素都须具备"表达"功能，或通过自身的形象特征进行表达，或通过象征、隐喻、暗指等手法间接表达。比如想营造一种"采菊东篱下，悠然见南山"的田园意境，在设计造型时就应以质朴亲切、淡雅宜人、自然而少雕琢为准则，将这些要素的"个性"融合起来进行综合表达。

（三）空间净化

参观过画展的人都知道，在展览馆内，除了作品和照在画作上的灯光，任何多余的陈设都是不存在的，连室内色彩也是纯净单一的。人们只有在这样的空间中才可以完全放松心情，让情感和思绪伴随作品的意境自由驰骋，达到一种完全超脱自身的状态。可见，净化空间对意境的营造具有重要作用。空间中的造型、颜色、照明、材质等要素都应当保持高度凝练，避免过多过杂。事实上，信息过多的环境往往会干扰人的思绪，引起不安或烦躁的情绪，甚至引发疲劳感。

（四）平实质朴

虚幻往往是文学作品中对意境美的一种阐释，但意境之美应当是建立在生活基础上的生活美。这种美来源于生活，同时又是生活内涵的外延。那些脱离实际生活，一味追求离奇、精致、矫饰的设计，虽然在一定程度上能营造出某种意境，但是从审美角度来说，一旦新鲜感消失，"审美疲劳"马上就会产生。长时间生活在这种环境中，人的心灵也会受到折磨，这就是某些娱乐场所隔三五年甚至一两年就要重新设计装修的原因，否则就会产生审美疲劳的现象。平实质朴的生活之美，恰似一盏灯，不在于华丽的外表多么吸引人，而在于其创造了光明的世界，从而给人以光明的美感。在平淡生活中创造出的意境美才更具感染力，才能保持永恒的魅力。

三、意境设计优化的方法

空间有限，意无限。优秀的设计师往往具有将界面造型、尺度变化、色彩搭配、家具选择、陈设布局、花草绿化、光影处理、材质选择及空间分隔等各种设计元素有机结合起来的能力，通过充分利用装饰材料自身的特性，进行整体分析、精心策划，并赋予其人性化的内涵，从而在有限的空间中营造出无限的意境。

（一）处理好意境的主题与功能的辩证关系

主题的设定是室内环境意境生成的源泉，而主题的确定则取决于设计诸要素的综合运用。在室内环境设计中，功能的定位是塑造室内意境的基础，一味追求意境而忽视功能，往往导致本末倒置，得不偿失。这就要求设计师要在充分考虑功能的前提下，明确这个室内环境所要反映的主题是什么。换言之，设计师在营造意境时，要在充分考虑其功能的基础上，注重所要表达的室内环境意境的主题氛围，达到渲染主题意境与功能需要的完美统一，避免顾此失彼。

（二）灵活运用多种材料

室内环境设计离不开材料的应用，材料直接影响着空间意境的营造。要注意造型、色彩、灯光等视觉条件，使材料的作用得到充分发挥。不同材质给室内环境带来的意境感受也往往不同，纹理自然、材质温润而富有弹性的木材会给人以平易近人、宾至如归的感觉，质地坚硬、阴冷滑腻的天然石材会营造出肃穆、豪华和冰冷凝重的环境氛围，手感柔软细腻的丝织物会为室内环境增添温暖、幸福、舒适的效果，表面光亮的陶瓷制品会显得室内空间明亮整洁，色彩亮丽的塑料铺地材料会使室内环境具有丰富多彩的视觉效果。因此，灵活运用多种材质，在和谐中求对比，在统一中求变化，可以更加准确地表达室内环境的意境。

（三）创造性地运用"光"

作为艺术手段而言，光无疑是最直接、最廉价的形式，却可以创造独具特色的视觉效果。光是室内环境设计中不可或缺的构成因素。如果对光的价值认识充分并能够加以巧妙利用，就可以获得良好的意境效果。光的色彩、强弱和灯具的种类等，都可以改变或影响室内的空间感，营造出迥然不同的意境。通常情况下，耀眼的直接照明灯光可以使人产生明亮紧凑的空间感，间接照明的灯光则主要通过照射到顶棚后进行反射，对拓宽空间的视野具有帮助。暖色灯光可以在居室中营造温馨舒适的感觉，冷色灯光则使室内环境显得凉爽而通透。吸顶灯和镶嵌在顶棚内的灯具可以使空间看起来更高大一些，吊灯（尤其是大型吊灯）则会降低空间的高度。暗设的规则灯槽和发光墙面可以增强空间的统一感。明亮的光线可以使空间显得宽敞，昏暗的光线则使居室显得深邃。

（四）充分利用色彩的视觉冲击效果

色彩对人的视觉冲击也十分强烈，在室内意境的营造中占有重要地位。不同的色彩和色彩组合搭配会给人不同的感受。在对室内意境进行设计的过程中，需要注意根据功能需求和观者的心理需求营造具有主色调的环境。色调有冷暖之分，通过对色温的合理利用，可以使室内环境在意境上表现得更加符合环境的自然变化。如红色和橙色，会使人联想到太阳、火焰等事物，从而感觉温暖；紫色、青色、绿色、蓝色以及白色等偏冷的色调则会使人联想到大海、森林、蓝天白云，从而冷静下来。此外，色彩的动静感、伸缩感也会对人的情绪产生影响。

（五）合理运用传统的装饰性主题

传统的装饰性主题往往有较强的装饰性，更重要的是，其具有很强的象征性。将它们运用到室内，会增强空间上的流动效果和跨越性，丰富室内环境的文化内涵，从而更好地营造室内空间的意境。

（六）恰到好处地选择陈设品

恰到好处地选择和摆设物品，对室内意境的创造也具有十分重要的作用。应根据室内环境的整体效果，利用文字、图案、装饰物和其他艺术品增强室内环境的感染力，引导人们进行联想，去体会和把握环境所蕴含的深刻内涵。在进行室内环境设计的过程中，要准确地把握陈设品的造型和摆放位置，使空间类型和装饰风格相互协调，从而更好地展示空间的氛围，点明空间主题。

第三节　室内设计中纤维艺术的运用

一、纤维艺术的定义

纤维艺术集实用功能与艺术审美价值于一体，是一门古老而又年轻的艺术门类。它是以天然的动、植物纤维或人工合成的纤维为材料，用编结、环结、缠绕、缝缀等多种制作手段，创造平面及立体形象的一种艺术。纤维艺术包括传统样式的平面织物、现代流行的立体织物、日用工艺美术品，以及在现代建筑空间中用各种纤维材料表达造型语言的作品。纤维艺术品作为一种象征温暖、柔和、亲切的符号，在与建筑结合时得到了完美的体现。20 世纪 70 年代末到 20 世纪 80 年代，现代纤维艺术品被建筑师运用于被认为是冷漠、缺乏情感的建筑中。20 世纪 70 年代出版的《超越手工艺：现代纤维艺术》和《纤维艺术：主流》两本书就明确地阐述了现代纤维艺术品在建筑空间与各种公共空间中的重要作用和意义。随着时代的发展，纤维艺术品已渗透到建筑与室内环境设计的各个方面，已经进入现代人的家庭中。

二、纤维艺术的运用方法

纤维艺术历来被称为编与织的艺术。纤维艺术品是表现质感与制造质感的物品，不论在视觉或触觉上，它都具有无可比拟的视觉魅力。纤维艺术品的材料非常广泛，几乎包括各类纺织纤维。由于纤维材料的特殊属性，纤维艺术品给人们带来的不仅是视觉上的美感，更有温馨、亲和、舒适等综合感受，加之其从造型到色彩、从平面到立体、从题材到文化内涵都有非常广阔的表现空间，因而发展十分迅速，现已被广泛应用于建筑的整体设计与居室的装饰中。

质感是由物体特有的色彩、光泽、形态、纹理、冷暖、粗细、软硬和透明度等众多属性所构成的。采用不同的材料、选择不同的加工工艺或采用不同的结构，可以产生不同的质感。材质与质感互为表里，材质的特性是透过质感来表达的。室内的纤维艺术品透过触觉感官给人以不同的心理感受，如软硬、粗细、冷热等。传统的纤维艺术作品的主要制作材料是天然纤维，包括丝、毛、麻、棉等。而现代纤维艺术是对传统的突破和超越，这主要表现在其对纤维这种材质更高层次的理解和运用上。这里的"纤维"不再只是棉、麻、毛、棕、藤等传统的纤维材料，还包括化学纤维和经纬编织的软硬质材料以及所有的线状材料，甚至一些金属纤维。现代纤维艺术从对绘画性的追求中超越出来，开始注重于表现材质本身的美。纤维材料自然的形态、丰富的肌理，不同纤维材料之间刚与柔、直与曲、杂与纯、明与暗、轻与重的对比，已经给欣赏者带来丰富的审美感受。

现代纤维艺术的材料可以是天然纤维、合成纤维、金属纤维等，技法可以是染、绣、编、结、缠、绕、缝、缀等，形态可以是平面、立体、空间。在室内设计中，根据室内装修风格选择纤维艺术品，巧妙地运用纤维艺术品的质感，可以更好地营造独特的氛围。需要注意的是，所选的纤维艺术品应与其他室内装饰材料有机组合、相互照应，可以通过不同的组合搭配，强化室内装饰的艺术效果，增添室内空间的美感及"人情味"，减弱室内空间的生硬感，柔化空间，增添室内空间的色彩，给人以舒适和谐、实用美观的感受。

纤维艺术品作为室内环境的重要组成部分，在室内环境中占据着重要地位，也起着举足轻重的作用。它不但能够点缀空间、丰富环境、表现文化，而且能够与建筑内部空间的色彩、照明、材质相协调，构成一种有机的整体，使人性化的艺术气息与建筑空间相融合，从而使建筑内部的环境达到一种温馨高雅的艺术境界，并创造出丰富多彩的人性空间，使人得到更多美的感受。在现代室内设计环境中，纤维艺术品正在成为现代室内装饰的一个重要组成部分，在家庭装潢中起着非常重要的作用。

参 考 文 献

[1] 陈艳云.环境艺术设计理论与应用[M].昆明：云南美术出版社，2022.

[2] 程晓晓.室内设计新理念[M].天津：天津科学技术出版社，2020.

[3] 邓琛.室内设计原理与方法[M].北京：中国纺织出版社，2021.

[4] 耿蕾.室内设计方法与智能家居应用[M].北京：北京燕山出版社，2022.

[5] 龚静芳.浅谈室内装饰环境的艺术氛围营造与陈设布置[J].美与时代（上半月），2009（10）：47-50.

[6] 何苗，崔唯.软装色彩设计对室内空间氛围营造的影响[J].时尚设计与工程，2016（1）：17-20.

[7] 贾丽丽.创意视角下室内软装饰设计研究[M].长春：吉林出版集团股份有限公司，2022.

[8] 李晓霞.现代陈设艺术理念下的室内设计研究[M].北京：北京燕山出版社，2021.

[9] 刘婷婷.室内设计理论解读与应用实践[M].天津：天津科学技术出版社，2020.

[10] 刘雅儒.浅谈自然光在室内设计中的应用[J].美术文献，2017（3）：121-122.

[11] 商艳云，喻欣，游娟.室内设计原理与实践[M].武汉：华中科技大学出版社，2021.

[12] 隋燕，徐舒婕.室内陈设设计[M].北京：北京理工大学出版社，2019.

[13] 唐丽.现代室内绿化装饰[M].北京：中国戏剧出版社，2008.

[14] 屠兰芬.室内绿化与内庭[M].2版.北京：中国建筑工业出版社，2004.

[15] 王春彦.室内绿化装饰与设计[M].上海：上海交通大学出版社，2009.

[16] 王颢棋，张金玲.自然光影与视觉情感建筑空间[J].房地产导刊，2015（7）：100.

[17] 王受之.世界现代建筑史[M].北京：中国建筑工业出版社，1999.

[18] 王乌兰，谢珂，滕有平.居住空间设计[M].合肥：合肥工业大学出版社，2023.

[19] 吴广.室内设计艺术探索[M].长春：吉林美术出版社，2021.

[20] 熊鑫，许余燕作.室内陈设设计与环境艺术[M].昆明：云南美术出版社，2021.

[21] 杨婷.现代室内设计的创新研究[M].长春：吉林摄影出版社，2022.

[22] 叶向春.现代室内设计的创新研究[M].长春：北方妇女儿童出版社，2021.

[23] 俞进军，杨平生.文化墙设计[M].北京：中国建材工业出版社，2005.

[24] 曾庆东.室内环境艺术创意设计[M].昆明：云南美术出版社，2022.

[25] 张晓峰.环境设计中的室内设计优化研究[M].北京：中国纺织出版社，2021.

[26] 赵莹，杨琼，杨英丽.现代室内设计与装饰艺术研究[M].长春：吉林大学出版社，2022.

[27] 周芬，汪帆.室内设计原理与实践[M].2版.武汉：华中科技大学出版社，2021.

[28] 周金城.探讨建筑室内装饰设计原则与各种措施[J].城市建设理论研究：电子版，2013（18）：1-3.

[29] 周吉林.室内绿化应用设计[M].北京：中国林业出版社，2018.